WUNDER DER ELBE

ERNST PAUL DÖRFLER

WUNDER DER ELBE

BIOGRAFIE EINES FLUSSES

VERLAG JANOS STEKOVICS · HALLE AN DER SAALE

Herausgegeben vom Bund für Umwelt und Naturschutz Deutschland e.V. (BUND), Landesverband Sachsen-Anhalt in Verbindung mit dem Landesheimatbund Sachsen-Anhalt e.V.

Der Autor dankt der Lotto-Toto GmbH Sachsen-Anhalt und der Volksbank e.G. Magdeburg für die Förderung dieser Publikation.

Mit Ihrer Spende unterstützen Sie das Elbe-Projekt beim
Bund für Umwelt und Naturschutz Deutschland e.V. (BUND)
Spendenkonto: 201 134 590
Volksbank Dessau e.G.
BLZ 800 935 74

Meiner Mutter Frieda gewidmet!

Inhalt

Der Tag bricht an. Die Elbe bei Barby.

Ich gehöre zur Elbe, die Elbe gehört zu mir.

An der Elbe in Wittenberge bin ich geboren, an der Elbe in Schönberg und Werben bin ich aufgewachsen, an der Elbe in Wittenberg lebe ich seit nunmehr 21 Jahren.

Das Leben mit den weiten Auen der Elbe hat mich früh geprägt. Diese unverwechselbare Landschaft ist mir Heimat geworden, im Auf und Ab der Jahreszeiten, im Auf und Ab von Niedrig- und Hochwasser, in der stillen Schönheit und in der Vielfalt der Natur, mit Fischen und Vögeln, Tümpeln und Nebenarmen, Weihern, Eichen- und Pappelwäldern. Und mit Kopfweiden und Weidensträuchern. Dieser Fluss und diese weiten Auen strahlen Ruhe aus und schenken mir etwas ungemein Beruhigendes. Geangelt habe ich und gelömert, bin Schlittschuh gelaufen und habe mich 1955 in der Elbe „frei-geschwommen". Seit Jahrzehnten ist mir die Elblandschaft Reiseziel für Radtouren, besonders gern auf dem Deich, weil sich von dort der Horizont so unglaublich weitet. Ich entspanne mich mit dem Fahrrad auf den Elbwiesen bei Wittenberg, in den Auen um Wörlitz, Heinrichswalde und Globig, zwischen Arneburg und Werben, Tangermünde und Jerichow, Boitzenburg und Hitzacker.

Seit einigen Jahren kann ich auf eine wunderbare Weise beobachten, wie mit der Verbesserung der Wasserqualität sich auch die Natur wieder erholt, wie viele Fischarten zurückkehren, wie ganze Biotope sich wieder neu herausbilden.

Lebensqualität als Einheit von Leben in der Natur und Leben von der Natur wird besonders um Wörlitz erfahrbar – als Projekt der Vergangenheit bleibt dies eine Idee für die Zukunft!

In meiner Lebensgeschichte musste ich erleben, wie das Wasser immer giftiger wurde, nach Phenol stank, die Fische allmählich nicht mehr essbar wurden und Edelfische fast völlig verschwanden. Das Baden war unmöglich. Dennoch überlebten dort Bäume, Fische und viele Vogelarten. Sie überlebten unsere industrielle Verunreinigung und Vergiftung. Was für ein wunderbarer Reichtum, diese im Ganzen naturbelassene weitläufige Elblandschaft!

Jetzt muss sich breiter Widerstand regen und wachsam bleiben, wenn die Begradiger einrücken und auch diesen Fluss in eine einförmige Wasserstraße verwandeln wollen. Wer nur diesen industriell nutzbaren Verkehrsweg sieht, sieht nicht mehr den Fluss. Wir werden laut protestieren müssen und uns den Vorwurf gefallen lassen, dass wir „Motz

machen". Ansonsten würden sie ungestört ranklotzen und alles so machen, wie sie es mit den anderen europäischen Flüssen schon getan haben. Soll denn das, was wir im Osten haben, nach westlichem Vorbild auch noch verschwinden? Und sind wir bloß die lahmen Ossis, die so renitent wie unmodern sind? Wollen sie den Anschluss verpassen? Sie wollten doch den Anschluss!

Wer entdeckt hat, wie unendlich vielfältig und schön, wie lebens- und liebenswert diese Landschaft ist, der wird auch Widerstand leisten und widersprechen, wenn die kommen, die nur eine ökonomische Sicht auf die Landschaft haben.

Dies hier ist unsere Heimat. Die Natur hat ästhetischen Wert für uns Menschen. Und wir werden ihr das Recht wieder zugestehen, sich frei zu entfalten. Die Natur ist letztlich auch für uns da, wenn wir uns selber als ihren Teil verstehen, wenn wir die Natur nach dem ihr inhärenten Maß zu nutzen verstehen, wenn wir dieser Natur nicht mehr entnehmen, als sie verkraftet und ihr schließlich zurückgeben, was wir ihr entnehmen. Die Freiheit der Selbstentfaltung der Natur und die so bedächtige wie bedachtsame Gestaltung ergeben eine Einheit von Nützlichem und Schönem. Die Liebe zu diesem Fluss und seiner von ihm geprägten Landschaft ist die Liebe zu unserer Um-Welt, zu der um uns liegenden Welt, die uns zum unverwechselbaren Zuhause geworden ist. Wer Augen hat, der schaue!

Vor unserer Tür ist eine Landschaft, die wir genießen können und die uns Lebenskräfte schenkt – durch ihr bloßes Dasein. Diese Landschaft kann man erfahren – mit dem Rad –, und man tut der Landschaft nichts an, wenn man sie durchfährt und dabei etwas von ihr erfährt. Hier ist Raum für Stille, hier ist Platz für Biber und Reiher, für Fische und Insekten, Blumen und Gräser und alles Kleingetier, für Hoch- und Niedrigwasser, für Baumgruppen und einzelne majestätische Bäume.

Dieser Fluss und diese Landschaft müssen erhalten werden – um unserer und um unserer Kinder willen! Sie sind einfach zu schön, um sie Zweckmäßigkeitskriterien unterzuordnen.

Am Jahreswechsel 1999/2000

Friedrich Schorlemmer

Die Elbe ist der längste, noch frei fließende Strom in Deutschland, hier zwischen Niedersachsen und Mecklenburg-Vorpommern.

Das stille Wunder
Die Freiheit der Elbe

Alles fließt, nichts besteht, noch bleibt es je dasselbe.

(Heraklit)

Die Elbe hat sich gewandelt. Aus dem einst „schmutzigsten Fluss Europas" wurde wieder ein lebendiger Fluss, in dem sich die ersten Lachse tummeln. Ein neuer Abschnitt im Lebenslauf des Flusses beginnt. Blicken wir zurück.

Lebenslauf

Die Elbe ist schon alt, und sie ist immer jung zugleich. Niemand weiß, wann sie geboren wurde.

Ihre längste Zeit lebte sie nach ihren eigenen Regeln, frisch und klar, frei und unbeherrscht.

Der Mensch hat sie respektiert, respektieren müssen. Und er lebte mit ihr und von ihr, jahrhundertelang. Die wichtigen Dinge des Lebens hielt die Elbe für die Menschen bereit: Wasser zum Trinken, Fische zum Essen, Holz zum Kochen, zum Wärmen und zum Bauen und nicht zuletzt den fruchtbaren Boden der Aue.

Ab dem 12. Jahrhundert rückte der Mensch näher an den Fluss. Die ersten Deiche wurden gebaut, sie sollten vor Hochwasser schützen.

Die Herrschaft des Menschen über den Fluss nahm ihren Anfang, zaghaft zunächst und mit bescheidenen Kräften.

Erst vor knapp 200 Jahren hat man begonnen, die Elbe für größere Schiffe durchgehend befahrbar zu machen. Ihre Ufer wurden festgelegt, ihr Lauf nach den Bedürfnissen der Schifffahrt ausgerichtet. Den kleinen Schiffen folgten zunehmend größere, die mehr Tiefgang hatten und nach weiterer Einengung des Flusses verlangten. Auch die Deiche wurden höher und näher an den Fluss gebaut.

Mit den dreißiger Jahren des 20. Jahrhunderts setzte ein düsteres Kapitel in der Geschichte der Elbe ein. Die Abwässer der Städte und der Industrie verwandelten sie in einen Abwasserkanal, für länger als ein halbes Jahrhundert. Das vielfältige Leben in ihr erstickte. Die Menschen rümpften ihre Nasen und wandten sich von ihr ab.

Ihre Distanz zur Elbe vergrößerte sich noch weiter, als sie auf 100 Kilometer Länge zur Trennungslinie zwischen zwei Welten wurde. Als Grenze zwischen beiden deutschen Staaten galt sie vierzig Jahre lang als scharf bewacht und unüberwindbar. Wachtürme mit Soldaten, Zäune und Hunde verwehrten den Menschen den Zugang. Der Grenzverlauf – Flussmitte oder nicht Flussmitte – war politisch höchst umstritten. Durch den Streitfall wurde die Elbe über ein halbes Jahrhundert so belassen, wie sie war. Ein Ausbau zur modernen Wasserstraße zwischen Ost und West fand nicht statt.

Es erscheint paradox: Die herrschende politische Unfreiheit bewahrte dem Fluss seine inzwischen für deutsche Verhältnisse beispiellose Freiheit. Bis zum heutigen Tage blieb die Elbe ein weitgehend frei fließender Strom, frei von Staumauern auf einer Länge von 600 Kilometern, einmalig in ganz Deutschland.

Wie vor 100 Jahren fließt die Elbe noch heute durch Wälder und Wiesen. Je nach Menge des Wassers kann sie zwischen den Extremen frei schwanken. Dieser nicht berechenbare Wechsel zwischen Niedrigwasser und Hochwasser, diese außergewöhnliche Lebendigkeit verleiht ihr ein unverwechselbares Gesicht. Sie, die Elbe, mag eine stille, eine kaum bekannte Sensation sein.

Die „Flusslandschaft Elbe" entwickelte sich inzwischen zum größten Schutzgebiet Deutschlands und ist damit auch größtes Auenschutzgebiet Europas. Darin eingebettet wachsen die ausgedehntesten, noch erhaltenen Auenwälder ganz Mitteleuropas.

Wegen seiner Einzigartigkeit wurde dieses Gebiet zum UNESCO-Biosphärenreservat erklärt. Eine Bewerbung zur Anerkennung als Weltkulturlandschaft der UNESCO wird vorbereitet.

Jetzt, wo das Wasser nach der Stilllegung vieler veralteter Betriebe und dem Bau von neuen Kläranlagen sauberer wird, ist die ganze Schönheit der Elbe wieder erlebbar. Nun lohnt sich der neugierig-liebevolle Blick auf den Strom, der Blick auf eine großartige Landschaft, die ihresgleichen sucht – der Blick auf die Wunder der Elbe.

Früher häufig, heute selten: eine Insel im Fluss, hier in der Mulde kurz vor ihrer Mündung in die Elbe.

Wo der Fluss noch fließen darf
Die Elbe ist der längste frei fließende Strom in Deutschland

Der Fluss wird gewalttätig genannt, aber das Flussbett, das ihn einengt, nennt keiner gewalttätig.

(Bertolt Brecht)

Der Drang des Menschen, die Natur zu beherrschen, hat den Flüssen in Europa fast überall ihre Freiheit genommen. Scheinbar spielerisch gewundene, kurvenreiche Flüsse endeten in begradigten Kanälen. Mächtige Staumauern versperren den Flüssen ihren Weg und verhindern den typischen Wechsel zwischen Hoch- und Niedrigwasser.

Dieser technische Ausbau zu „modernen Wasserstraßen" hat um die Elbe einen Bogen geschlagen – bisher zumindest.

Ist die Elbe deshalb ein Fluss von gestern, der den Anschluss an das internationale Wasserstraßennetz verpasst hat? Oder ist sie dadurch nicht viel eher ein Strom von und für morgen, der alle Nuancen zwischen Hochwasser und Niedrigwasser noch frei ausleben kann? Eine wohltuende Ausnahme in einem Land der kanalisierten Ströme ...

Jeden Tag zieht es mich an „meine" Elbe, ich will mich bekannt machen mit ihr. Fremd ist sie mir nicht, ich kenne sie. Ich traf sie gestern und vorgestern. Aber heute, so ahne ich, hat sie sich erneut verzaubert, es ist die frei fließende Elbe eben. Verflossen ihr Wasser wie ihr gestriges Antlitz. Ich bin neugierig auf ihr heutiges Gesicht und ihre munteren Ideen, auf ihre Uferlinien, ihre Kurven und Schwingungen, ihre Berührungen und Eroberungen, ihre prallen Hänge, ihre gleitenden Niederungen, ihre sanfte Friedfertigkeit. Ihre frühlingshaften, grünen Hüllen reizen mich genauso wie ihre sommerlichen, nackten Ufer. Ich muss wieder zu ihr gehen, mich an sie herantasten, mit meinen Augen und Ohren Fühlung aufnehmen, mich ihr immer wieder neu vorstellen, denn sie ist schon wieder eine andere, wie vielleicht auch ich ein anderer bin, danach.

Der natürliche Fluss

Wer kennt ihn noch, einen natürlichen Fluss?

Einst, bevor der Mensch Hand anlegte, flossen die Flüsse frei durch ihre Auen, niemals gerade, immer verzweigt oder gewunden, gleichsam lebensfroh und eigenwillig, immer pendelnd von einer Seite auf die andere.

Verglichen mit den heute gewohnten Bildern waren die natürlichen Flüsse eher breit und flach. Viele große und kleine Inseln prägten das Bild, der Strom war dadurch mehrfach verzweigt. Seine zahlreichen Arme wurden mal von mehr, mal von weniger Wasser durchflossen.

Die Flüsse hatten einen eigenen, für sich angemessenen Raum, den Überschwemmungsraum, meist mehrere Kilometer breit. Kam ein großes Hochwasser, mussten sich die Menschen in höhere Lagen zurückziehen. Die Flut füllte und veränderte das Flusstal. Bäume wurden umgerissen, es entstanden Vertiefungen und auch neue Inseln. Nicht selten durchbrach ein Hochwasser eine Flussschleife und der Fluss wechselte sein Bett.

Kaum ein anderer Lebensraum ist so lebendig, so vielfältig, so wechselhaft und dynamisch wie ein natürlicher Fluss.

Der Anfang der Zähmung

Schon im Mittelalter wurden erste Deichbauten zur Abwehr von Hochwasser errichtet, zunächst für die Dörfer, dann auch für die Felder. Im Schutze dieser Deiche drangen immer mehr Siedler in die Auen vor.

Doch erst im 19. Jahrhundert bekamen die Flüsse ihr festes Bett zugewiesen. Mit Steinen befestigte man die Ufer.

So geregelt, schlängeln sich Flüsse nicht mehr nach freiem Belieben durch die Landschaft. Sie können sich in kein neues Land mehr vorwagen, um es zu erkunden, sie können schon gar nicht mehr ihr Bett wechseln. Es ist ihnen versagt, das zu tun, was sie immer taten: Land zu nehmen an den Außenkurven und Land zu geben an den Innenkurven. Nach und nach wurden den Flüssen die ungeraden Linien, die Kurven abgeschnitten. Vorbei war das ausufernde Pendeln von einer Seite zur anderen.

Verloren ging auch manch schöne Schleife, Schmuck eines jeden Flusses. Kein Fluss blieb verschont, überall schlugen die Wasserbauer zu, mal mehr, mal weniger.

Natürliche Flüsse suchen wir in ganz Mitteleuropa heute vergeblich. Sie sind verschwunden wie so manche Pflanzen- und Tierart. Erst im fernen Osteuropa können wir sie noch entdecken, dort, wo eine gewisse Verehrung der Flüsse bis in unsere Gegenwart erhalten blieb.

Mauern gegen den Strom

Mit der Begradigung und den Uferfestlegungen der Flussläufe war es den Ingenieuren nicht genug. Nach den Schwingungen nach rechts und links sollten die Schwankungen der Wasserstände auch nach oben und unten beherrscht werden. Dazu wurde die Staumauer, oder Staustufe, „erfunden". Sie hatte ihre Vorläufer in den mittelalterlichen Mühlenwehren. Meist an Bächen und kleineren Flüssen errichtet, sollte damals die Energieausbeute erhöht und für die Trockenzeit Wasser gespeichert werden, um Mühlenräder eine möglichst lange Zeit im Jahr betreiben zu können.

Im 20. Jahrhundert erreichten die Planungen eine neue Dimension: Mit den gewachsenen technischen Möglichkeiten wurden die großen Flüsse und Ströme mit gigantischen Staustufen bestückt, eine nach der anderen, um den Wasserstand für die Schifffahrt anzuheben. Diese forderte größere Tauchtiefen, damit die Schiffe mehr Lasten als zuvor aufnehmen konnten. Man wollte sich mit den Launen der Natur, vor allem mit dem Niedrigwasser, nicht mehr abfinden.

Auch die Stromindustrie trieb diese Entwicklung voran. An jeder Staumauer, war sie nur hoch genug, ließ sich über Generatoren Strom gewinnen.

Die Kehrseite dieser Entwicklung erkannten die Menschen erst spät. Die einst lebendigen Flüsse wurden zu eingemauerten Kanälen. Die zuvor pulsierenden Lebensadern litten zunehmend unter Thrombosen, sie verstopften, verschlammten, veródeten. Wenn ein Fluss zum Stocken gebracht wird, wenn ihm das freie Fließen und natürliche Schwanken verwehrt wird, dann verliert er genau das, was sein Wesen ausmacht. Denn das Fließen, so wissen wir, gehört untrennbar zu den Flüssen, in Sprichwörtern wie in Wirklichkeit.

Das freie Fließen verbaut

Sie heißen Rhein, Main, Mosel, Donau, Weser, allesamt große deutsche Flüsse. Sie fließen zwar, aber sie fließen nicht mehr frei. Sie werden von Mauern gestaut und gebremst, gezähmt und gebändigt. Ihre Freiheit wurde ihnen in doppelter Hinsicht genommen. Zum einen ist ihr Lauf unverrückbar festgelegt, durch Schotter oder Beton. Zum anderen lassen die Staumauern kein rhythmisches Auf und Ab, kein Niedrigwasser mehr zu. Ein zweifach einengendes Korsett macht diese Flüsse zu Gefangenen.

Verbautes Flussufer an der Donau. Schotter auf Kunstvlies.

Dem Rhein wurden zehn gewaltige Staustufen von Basel bis Karlsruhe in sein Bett gesetzt. Doch auch seine Nebenflüsse sind durchweg verbaut: der Neckar mit siebenundzwanzig Staustufen, der Main mit sechsunddreißig, die Mosel, die Saar – alle sind durch Stahlbeton bezwungen. An der Donau sind sämtliche Zuflüsse – Iller, Lech, Isar, Inn, Altmühl, Naab und Regen – durchweg mit Stauwehren bestückt. Die Donau selbst ist in Deutschland nur noch auf 70 Kilometern Länge ein frei fließender Fluss. Die zwei „noch fehlenden Staumauern" zwischen Straubing und Vilshofen wurden bislang durch das Engagement vieler Menschen vermieden. Vorerst oder für immer, wer weiß?

Staustufen – Todesstoß auch für die Flussauen

Die Kanalisierung der Flüsse wurde als Sieg gefeiert. Damals, in der Begeisterung für den technischen Fortschritt, nahm kaum jemand die Schattenseiten zur Kenntnis: Jeder Aufstau unterdrückte den Atem des Flusses. Mit den Staustufen starben ganze Flusslandschaften als dynamische Lebensräume. Den Auen, den Wäldern und den Wiesen, die vom Wechselspiel zwischen Überflutung und Austrocknung leben, nahm man ihr unfassbar reiches Leben.

Gestaute Flüsse sehen immer gleich aus: Sie wirken immer randvoll, in nassen wie in trockenen Zeiten. Die Staumauern schalten das Niedrig-

*Staustufe am Rhein bei Karlsruhe. Eine von zehn Staumauern, die dem Fluss die
natürlichen Schwankungen zwischen Hoch- und Niedrigwasser verwehren.*

*Dauerhafte Staunässe oberhalb einer Staumauer am Rhein – der Auenwald
stirbt.*

wasser aus, es kann nicht mehr stattfinden. Die für den Sommer typischen nackten, trockengefallenen Ufer kommen nicht mehr vor. Kies- und
Sandinseln tauchen nicht mehr auf. Und mit jedem neuen Stau ge-
rät der Atem ganzer Flusslandschaften weiter ins Stocken. Das Pulsie-
ren hört auf. Die Auen verlieren ihren Lebensrhythmus. Die immerwäh-
rende Staunässe, winters wie sommers, ist für Auen tödlich. Die Bäume
der Auen ersticken im künstlichen, dauerhaften Sumpf, weil ihren Wurzeln der Sauerstoff fehlt. So geschah es an vielen, ja, an fast allen deutschen Flüssen.

Kanalisierung weltweit

Alle Industriestaaten der Erde haben im vergangenen 20. Jahrhundert
ihre Flüsse mehr oder weniger aufgestaut und dem freien Fließen den
Kampf angesagt.
Die erste große Welle zum Bau von Staumauern begann in den dreißiger Jahren. Vom Mississippi in den Vereinigten Staaten bis zur Oder in
Schlesien wurden die Flüsse generalstabsmäßig kanalisiert. Arbeitsbe-
schaffungsprogramme nannte man die Beschäftigung schon damals.
Auch für die Elbe lagen die Ausbaupläne schon bereit. An ihrem Nebenfluss Saale ging es schneller. Sie bekam eine ganze Kette großer Staustufen verpasst – bis auf die letzten 20 Kilometer, die blieben frei fließend.

Der Zweite Weltkrieg unterbrach vielerorts den Ausbau der Flüsse. Alle Kapazitäten wurden an die Front verlagert, um Krieg gegen Menschen zu führen. Danach, in der zweiten Hälfte des 20. Jahrhunderts,
hat man vollendete Tatsachen geschaffen. Die Kanalisierungen fanden
vor allem in den westlichen Staaten ihre Fortsetzung und nicht selten
ihren Abschluss.
Kaum ein Fluss blieb verschont. Der Verkehr mit großen Schiffen und
die Stromgewinnung erschienen damals lukrativer als der Erhalt frei fließender Flüsse.

Ausnahme: die Elbe

Doch einem Fluss blieben die Bagger fern: der Elbe. Im Schatten der
Mauer blieb sie auf 600 Kilometern von Betonprojekten moderner Art,
von Staumauern verschont.
Die Gütertransporte fanden in der DDR auf der Schiene statt, zu re-
spektablen 80%. Die Schifffahrt spielte nur eine untergeordnete Rolle,
wie auch der LKW auf den Straßen der DDR eine eher seltene Erschei-
nung war. Das im Sommerhalbjahr typische Niedrigwasser setzte dem
Schiffsverkehr auf der Elbe enge Grenzen. Bei einer Tauchtiefe von nur
einem Meter konnten die meisten Schiffe kaum Ladung aufnehmen,
ohne auf Grund zu laufen.

Elbe nach einem Hochwasser. Die Uferbefestigungen wurden weggespült.

Blühende Schlehe am Ufer. Wald und Wasser sind eng miteinander verwoben.

Auch in der DDR gab es Anläufe, den „Rückstand" aufzuholen. Diese Ausbaupläne wurden jedoch immer wieder zu den Akten gelegt, mangels Geld, mangels Zement, mangels Stahl, mangels Baumaschinen, mangels Arbeitskräften. Die chronische Mangelwirtschaft einerseits und der Grenzkonflikt andererseits trugen dazu bei, dass man die Elbe jahrzehntelang „links liegen ließ".

Auch wenn die Elbe ihr Flussbett nicht mehr frei wählen kann, vermag sie den Wechsel zwischen Hoch- und Niedrigwasser noch reichlich auszuleben. Gerade bei Niedrigwasser schmücken sich ihre ausladenden Ufer jahrein, jahraus mit einer faszinierenden Pflanzen- und Tierwelt. Für jeden ist sie erlebbar: Die Elbe ist bis heute ein frei fließender Fluss geblieben.

Freigespülte Baumwurzeln. Die Kraft und Dynamik des Flusses lassen sich erahnen

Typisch für die Elbe ist ihr Flussbett aus Sand. Die ausgedehntesten Sand- und Kiesbänke sind noch zwischen Dömitz und Hitzacker an der ehemaligen Grenzelbe zu bewundern.

Weich in Sand gebettet
Der größte deutsche Sandstrom

In einem Fluss fließt Wasser, was sonst. Das stimmt und ist doch nur die halbe Wahrheit. Jeder Fluss transportiert neben Wasser auch Geschiebe: Schlick, Sand, Kies, Schotter, Geröll, je nach Angebot, je nach Fließgeschwindigkeit. Auch hier ist die Elbe eine Ausnahme unter den großen deutschen Strömen. Während Rhein und Donau von Natur aus über hartes Gestein oder grobes Geröll fließen, gleitet die Mittlere Elbe weithin über weichen Sand. Sie hat dadurch etwas ganz Besonderes an sich. Sie ist schön, aber auch verletzlich, stark und sensibel zugleich.

Der Sommer ist gekommen. Mein Weg zur Elbe, zu ihrem abgerückten Ufer, ist ein Weg über Sand. Noch frisch sind die Schleifspuren des Bibers wie auch die Zeichen des Reihers. Sie erzählen die jüngsten Geschichten aus der Morgendämmerung. Der Hausherr Fluss, oder doch besser die Hausdame Elbe scheint ausgewandert, verflossen zu sein, zur Hälfte wenigstens. Zurückgelassen ist das Bett, halb aufgedeckt und einsehbar das sonst Verborgene. Ohne Kiemen und ohne Flossen jetzt erwanderbar. Behutsam setzte ich meinen Fuß auf den weichen Teppich aus Sand. Auch ich hinterlasse Spuren, vergängliche Spuren. – Wir alle sind nur Gäste, Nomaden des Flusses.

Sand kommt, Sand geht

Bei Niedrigwasser wird es besonders offensichtlich: Die Elbe fließt über lockeren Sand. Ausnahmen finden sich auf deutschem Gebiet nur wenige: das Elbsandsteingebirge und der Dresdener Raum, der Torgauer Felsen sowie der Domfelsen zu Magdeburg. In diesen Abschnitten fließt die Elbe über ein steinhartes Bett. Sonst ist es eher weich und nachgebend, wie Sand eben ist. Das Bett der Elbe ist formbar. Es passt sich der Strömung an, und die Strömung baut sich ihr Bett nach Belieben, ständig und unaufhaltsam. Der Sand kommt und der Sand geht. Freilich nicht gleichmäßig. Das meiste Geschiebe, wie die kleinen Transportkörper im Fluss auch genannt werden, wird bei Hochwasser mitgeführt und umgelagert. Dann sind die angreifenden Kräfte am stärksten. Mit jedem Hochwasser wird das Flussbett auf den Kopf gestellt. Sandbänke werden fortgespült und an anderer Stelle neu aufgebaut. Ähnlich verhält es sich mit den tiefen Löchern im Flussgrund, den Kolken. Hier entstehen sie neu, dort werden sie gefüllt. Unter Wasser zeigt sich die Dynamik eines Flusses besonders eindrucksvoll. Diese Landschaft aus Hügeln, Tälern und welligen Ebenen, die der Fluss sonst vor unseren Augen verbirgt, ist immer in Bewegung, im Aufbau und im Abbau. Nur wenn sich das Wasser zurückgezogen hat, bei Niedrigwasser, können wir über die veränderliche Schönheit und Vielfalt der Formen staunen.

Die Versteinung des Flusses

Die Römer nannten die Elbe Albis, weißer Fluss, wahrscheinlich dank ihrer hellen Strände in grüner Landschaft. Ursprünglich hatte die Elbe ausschließlich Ufer aus Sand, weich, wild und unbefestigt. Sie konnte dadurch ihren Lauf frei bestimmen.
In den letzten knapp 200 Jahren wurde auch das Flussbett der Elbe mehr und mehr befestigt. So wie Arterien verkalken, so können auch die Ufer der Flüsse durch Steine verhärten, eine Art Arteriosklerose.

Der Flussregenpfeifer braucht Niedrigwasser sowie naturnahe Ufer zum Brüten. Zwischen Kieselsteinen sind seine Eier perfekt getarnt.

Aufgetürmter Sand: Eine der letzten, noch wandernden Sanddünen im Binnenland liegt am Rande der Elbtalaue bei Klein Schmölen in Mecklenburg-Vorpommern.

Die für Wasserbau zuständigen Behörden hatten schon im 19. Jahrhundert die Aufgabe, Steine am Fluss zu verbauen, seine Ufer zu pflastern und Buhnen anzulegen. Buhnen, das sind jene Steinwälle, die vom Ufer aus quer in den Fluss hineinragen, um eine möglichst tiefe Fahrrinne zu sichern, quasi die Schnüre eines Korsetts, je länger gebaut, desto enger der Wasserlauf geschnürt. Der so eingeengte Fluss wird dadurch schmaler, tiefer und noch schneller. Das Wasser fließt in einem eingeengten Stromschlauch rascher ab.

Kein Fluss jedoch erträgt diese „Fesseln" auf Dauer. Ständig arbeitet er an seiner Befreiung. Vor allem bei Hochwasser nimmt er sich die Freiheit und räumt Steine fort, wo sie ihm im Wege liegen. Er reißt Buhnen durch und unterhöhlt befestigte Ufer, so dass die sogenannten Deckwerke abrutschen. Auf diese Weise kann sich ein Fluss über Jahrzehnte von selbst renaturieren – wenn man ihn lässt.

Die DDR hatte nur wenig Mittel übrig für die Instandhaltung dieser Flussbauwerke. Die Natur bahnte sich über Jahrzehnte in kleinen Schritten wieder ihren eigenen Wasserweg.

Anfang der neunziger Jahre, gleich nach der deutschen Vereinigung, begannen aber die zuständigen Behörden sehr schnell mit dem „Aufholen des Rückstandes". Die Uferabschnitte, die sich der Fluss wieder einverleibt hatte, wurden mit schwerem Gestein und Hochofenschlacke erneut befestigt und so Jahr für Jahr über 50 000 Tonnen Steine verbaut. Die Elbe bezahlt diese Eingriffe mit einem Verlust an Lebendigkeit und Dynamik, an Vielfalt und Schönheit. Doch damit nicht genug. Es wird weitergebaut, die Schotterungen werden fortgesetzt.

Wozu immer mehr Steine in den Fluss? Warum das Korsett immer fester binden?

Sind unserer Flüsse nicht schon mehr als genug verbaut? Dieser fragwürdige Kampf gegen den Fluss mündet zwangsläufig in ein Bauen ohne Ende. Aus dem Sandfluss droht jedenfalls ein „versteinerter" Fluss zu werden.

Die Verletzlichkeit der Elbe

Die Versteinung der Elbe, ihr Einschnüren durch Buhnen und feste Uferdeckwerke, blieb schon in der Vergangenheit nicht ohne Folgen. Der Fluss, schmaler und schneller gemacht, gräbt sich seither immer tiefer in sein eigenes Bett ein, der Wasserspiegel fällt mehr und mehr. Die unnachgiebig-harten Felsen dagegen „wachsen heraus" und werden dadurch immer mehr zum Schifffahrtshindernis. Teile des Domfelsens zu Magdeburg fielen schon mehrfach Hammer und Meißel zum Opfer. Die verschärfte Tiefenerosion macht auch vor Brückenpfeilern und anderen Uferbauwerken nicht halt. Selbst die Buhnen werden durch diese Entwicklung in Frage gestellt. Sie ragen immer weiter aus dem Fluss heraus. Einst so gebaut, dass sie bei Mittelwasser noch überströmt werden, bleiben heute die Buhnen dabei trocken.

An allen technisch ausgebauten Flüssen kennt man diese Probleme. Die Elbe mit seinem weichen Bett reagiert jedoch besonders empfindlich. Wo sie zwischen Buhnen und Uferschotter „verschnürt" ist, hat sie kaum noch Möglichkeiten, durch Seitenerosion ihren „Hunger auf Sand" zu stillen. Da auch von den gestauten Nebenflüssen sowie vom tschechischen Oberlauf der Elbe – wegen der dortigen 22 Staustufen – kaum noch Sand und Kies kommen, bleibt der Elbe nichts anderes übrig, als ihr eigenes Bett auszuräumen. Sie trägt es fort. Um bis zu zwei Meter hat sie sich schon eingegraben, besonders dramatisch zwischen Torgau und Coswig/Anhalt. Diese anhaltende Tiefenerosion scheint sich immer weiter stromab zu verlagern und ist schon in bedrohlicher Nähe zu den größten Auenwäldern angekommen. Wenn der Wasserspiegel Jahr für Jahr um drei Zentimeter fällt, wie im Raum Pretzsch oberhalb Wittenberg seit dreißig Jahren gemessen, so bedeutet das höchste Alarmstufe für den Fluss und seine Auen. Alarm deshalb, weil die Flusslandschaft in ihrer Existenz bedroht wird. Diese Bedrohung äußert sich zunächst in einer schleichenden Austrocknung der Auen und ihrer Gewässer. Dem ursprünglichen Feuchtlebensraum droht die Versteppung. Als „Lösung" des Problems wird ein anschließenden Staustufenbau dadurch immer wahrscheinlicher – eine fatale Perspektive. Jede weitere Versteinung und Einengung des Flusses verschärft diese tragische und nur schwer umkehrbare Entwicklung.

Die Astlose Graslilie in voller Blüte. Sie wächst auf sandigen und trockenen Böden am Auenrand.

Der Domfelsen zu Magdeburg bei Niedrigwasser. Durch die erzwungene Eintiefung der Elbe in ihr Sandbett „wächst" dieser Felsen immer weiter aus dem Fluss heraus.

Die Obere Elbe im Elbsandsteingebirge. Das Flussbett besteht hier aus festem Gestein.

Großes Kreuzfahrtschiff auf der Elbe bei hohem Wasserstand, hier ein Blick vom Hochufer der Griboer Schweiz bei Coswig/Anhalt.

Schiffe müssen Pausen machen
Die Schifffahrt und der Rhythmus der Natur

Die Elbe ist ein ausgeprägter Niedrigwasserfluss. Manchmal schon ab Juni und oft bis in den Herbst hinein verordnet die Natur „Wassersparen". Die Pflanzen und Tiere haben sich diesem Rhythmus längst erfolgreich angepasst, so dass er inzwischen für viele Arten überlebensnotwendig ist. Nur die Schiffe, die immer noch größer werden sollen, haben damit ein Problem. Zur Hälfte des Jahres führt der Strom so wenig Wasser, dass vollbeladene Europaschiffe auf Grund laufen würden. Dann heißt es: entweder weniger laden oder Pause machen! Braucht die Elbe deshalb ein noch engeres Korsett, oder gar Staumauern? Oder gibt es einen besseren, flussgemäßeren Weg?

Wie aus einer fernen Zeit kommt ein Schiff gefahren. Nein, es kommt beinahe gegangen, so gemächlich ist es unterwegs. Es hat Mühe, es schwimmt gegen den Strom, es geht bergauf.
Am Ufer harrt indes der Reiher. Er scheint viel Zeit zu haben. Ganz anders, ziemlich aufgeregt, der Gänsesäger. Mit Eifer schwimmt und taucht er seiner Beute nach. Schon satt und träge wirkt die Schar der Enten. Sie dösen im flachen Wasser vor sich hin, als hätten sie nichts Wichtigeres zu tun.
Das Schiff kommt näher, im Schritttempo. Der Gänsesäger und sein Weibchen ergreifen die Flucht. Mit raschen Flügelschlägen heben sie aus dem Wasser und fliegen schnurgerade ab. Das Schiff zieht weiter, unbeirrt. Ein Eisvogel wird aufgeschreckt und schießt mit schrillem Pfiff flach übers Wasser auf und davon. Im letzten Augenblick folgt ihm der Reiher. Nur die Enten bleiben völlig gelangweilt sitzen. Mit einem winzigen Augenaufschlag nehmen sie das Geschehen wahr, lassen das Schiff vorbeiziehen und schaukeln auf den Wellen, ohne sich weiter darum zu kümmern. Bis der nächste Kahn kommt, kann eine lange Zeit vergehen.

Nicht aus einem vergangenen Jahrhundert, nein, im Hier und Heute spielt diese Szene. Die Elbe ist nicht nur Fluss, sie ist auch eine Wasserstraße. Aber eben eine Wasserstraße von ganz besonderer Art, mit Höhen und Tiefen, mit stark wechselnden Wasserständen und nicht zuletzt mit einer Fülle wunderbarer Naturschätze.

Der Fluss mit dem Silberschmuck

Wie Perlen an einer Kette reihen sich die silbrig glänzenden Weidenbüsche entlang der Elbe aneinander. Ungewöhnlich weit ragen sie in den Fluss hinein und spiegeln sich im Wasser, als wollten sie sich in ihrer Schönheit selbst bewundern. Seit eh und je gehören sie zur Elbe. Offen ist, wie lange noch.

Anhaltende Niedrigwasserstände sind für die Elbe naturgegeben. Ihre Zuflüsse kommen aus Mittelgebirgen. Nach dem Ablauf des Schmelzwassers kann die Elbe schon ab Juni Niedrigwasser führen. Fahrwassertiefen von einem Meter sind dann keine Seltenheit. An Rhein und Donau, gespeist aus dem Hochgebirge, trifft hingegen erst im Mai oder Juni das Schmelzwasser aus den Alpen ein. Wenn an der Elbe über Niedrigwasser geklagt wird, ist der Rhein oft noch gut gefüllt – für die Großschifffahrt ein naturgegebener Vorteil. An der Elbe kann dann monatelang, manchmal bis in den Spätherbst, Ruhe einziehen. Es fährt kaum noch ein Schiff und wenn doch, dann meist nur mit Luft beladen. Diese Besonderheiten der Elbe, ihre sommertrockenen Ufer führen dazu, dass Silberweiden direkt im Flussbett wachsen können, sogar bis einen Meter unter der Mittelwasserlinie. Der niedrige Wasserstand in der Zeit des Wachstums zieht die Weidenbäume „in die Tiefe". Diese Silberweiden prägen als nur schmaler Saum die Flusslandschaft. Sollten die Wasserstände dauerhaft verändert werden, gleichgültig ob durch Eintiefung oder einen Anstau, die Wirkungen wären in jedem Fall verheerend. Die Bäume würden es nicht überleben. Ihr Silberschmuck ginge unter wie der Goldschatz des Hagen im Rhein bei Worms, unwiderruflich.

Dennoch, Wirtschaft und Schifffahrt rufen unentwegt nach Ausbau und nach sogenannter „Vollschiffigkeit". Immer größere Schiffe mit immer mehr Tonnen Ladung bei gleicher Wassermenge zu fordern, steht den Ansprüchen nicht nur der Silberweiden, sondern des Lebewesens Fluss als Ganzes entgegen. Die Grenze des Erträglichen ist erreicht, auf lange Sicht sogar schon überschritten.
Wer diese Flusslandschaft Elbe erhalten will, muss nach besseren Lösungen suchen. Die alten Ausbau-Rezepte taugen nicht mehr.

Segelschiffe waren bis ins 19. Jahrhundert häufig auf der Elbe anzutreffen (wie hier in Boitzenburg). Sie fassten höchstens 40 Tonnen.

Ein Frachtschiff aus heutiger Zeit mit über 1 000 Tonnen Ladung. Immer wieder wurde der Fluss den Schiffsgrößen angepasst.

Die ersten Schiffe

Noch bis Anfang des 19. Jahrhunderts befand sich die Elbe als Fluss weitgehend im Urzustand.

Ausschwingend und gemächlich, aber unaufhaltsam schlängelte sich der Strom durch die weiträumige Landschaft. Vielfach teilte er sich in zahlreiche Seitenarme auf, Inseln schauten hervor, grün bewachsen oder aus blankem Kies und Sand. Die wenigen Begradigungen, die schon im Jahrhundert zuvor durchgeführt wurden, hatten vor allem die Abwendung von Hochwassergefahren zum Ziel. Für die Schifffahrt wurde die Elbe noch nicht verändert. Mächtige, abgestorbene Eichen lagen kreuz und quer im Flussbett und ragten aus dem Wasser. Die damals üblichen Elbschiffe fassten höchstens 40 Tonnen und wurden stromab mit Segel und stromauf mit Zugknechten oder Zugpferden bewegt. Eine mühselige Plackerei, mit der im Jahr nicht mehr als 20 000 Tonnen auf der gesamten Elbe befördert werden konnten.

Der Elbausbau

Auf dem Wiener Kongress im Jahre 1815 stand die Verbesserung der Elbschifffahrt auf der Tagesordnung. Nachdem die versammelten Staatsoberhäupter den servierten Luchsbraten verspeist hatten, beschlossen sie eine Regulierung der Elbe und – tanzten Walzer.

Ab 1830, mit dem Beginn der Industrialisierung, setzte ein planmäßiger Ausbau des Elbstromes zur Wasserstraße ein. Mehr als 100 000 für die Schifffahrt hinderliche Baumstämme wurden aus der Fahrrinne beseitigt. Aus dem gleichen Grunde mussten auch die Schiffsmühlen weichen, die man nach heutigen Erkenntnissen als ausgesprochen umweltverträglich beurteilt. Das Wasser der Elbe sollte damals ausschließlich zugunsten der Schifffahrt gebündelt werden. Die Einengung des Stromes setzte ein. Ufer, zunächst in den Außenkurven, wurden gepflastert. Es folgte der Bau steinerner Buhnen, die quer zur Strömung in den Fluss hineinragten. Sie zwängten den Fluss in die Enge und in die Tiefe. Hunderte von Elbinseln gingen dadurch nach und nach verloren. Das bis dahin veränderbare Flussbett wurde zur festgelegten Fahrrinne umgebaut.

Der Elbregulierungsplan von 1861 strebte Fahrwassertiefen von 80 bis 90 Zentimetern an, genug für 400-Tonnen-Schiffe. Erreicht wurden nach jahrzehntelangen baulichen Aktivitäten allerdings nur garantierte Tiefen von 50 Zentimetern. Dennoch erzielte die Elbschifffahrt einen nie da gewesenen Aufschwung. Ihren historischen Höhepunkt erlangte sie um 1913. Bis zu 18 Millionen Tonnen Güter wurden damals jährlich per Schiff transportiert: Holz und Kohle, Getreide und Steine. Vieles, was die Menschen zum Leben brauchten, kam und ging über das Schiff. Damals fuhr – im Vergleich zu heute – die zehnfache Zahl an Schiffen auf der Elbe. In den Städten waren die Pferdefuhrwerke das

Hauptverkehrsmittel, das Auto wurde gerade erst erfunden. Abgesehen von der wesentlich schnelleren Eisenbahn hatte das Schiff kaum Konkurrenz.

Schon um die Zeit des Ersten Weltkrieges kamen die ersten 1 000-Tonnen-Schiffe mit zwei Meter Tiefgang. Doch, wie konnte es anders sein, sie hatten auf der Elbe Probleme mit dem Niedrigwasser. 1929, in einem extremen Trockenjahr, saß die Schifffahrt über Monate fest. In den dreißiger Jahren wurde deshalb beschlossen, die Elbe weiter auszubauen.

Oft zu beobachten: der Graureiher. Er lebt von den Fischer des Flusses.

Auch bei Niedrigwasser sollte der Fluss mit den Tausend-Tonnern befahrbar sein. Die sogenannte Niedrigwasserregulierung wurde in Angriff genommen. Die Fahrwassertiefen sollten um einen halben Meter wachsen. Weitere Begradigungen und Durchstiche folgten, die Buhnen wurden verlängert, der Fluss noch mehr eingeengt und Sandbänke weggebaggert. Diese Bauarbeiten wurden bis zum Zweiten Weltkrieg – auch unter Einsatz von Kriegsgefangenen – an der Elbe fast vollständig realisiert. Übrig blieb eine 13 Kilometer lange „Reststrecke" von Dömitz bis Hitzacker an der späteren Grenzelbe.

Während noch an den Buhnen gebaut wurde, gingen die Planungen schon wesentlich weiter. Die Elbe sollte in Magdeburg eine Staustufe bekommen, die dazugehörige Schleuse war schon fertiggestellt. Geplant war auch unter der Bezeichnung „Südflügel des Mittellandkanals" der Bau einer Wasserstraße von der Elbe entlang der Saale bis nach Halle-Leipzig für 1 000-Tonnen-Schiffe.

Die ersten fünf Staustufen von Halle bis Calbe waren Anfang der vierziger Jahre bereits fertig. Doch dann kam der Krieg, der allen Ausbau-Arbeiten ein Ende setzte. Elbe und untere Saale blieben dadurch frei fließende Flüsse – bis heute.

Die Elbe im Dornröschenschlaf?

Nach dem Zweiten Weltkrieg floss die Elbe wie verträumt vor sich hin. Manche Uferbefestigungen verfielen unter der Strömungskraft des fließenden Wassers.

Die Elbe durchbrach manche Buhnen, formte daraus Inseln und eroberte ihre verlorengegangene Natur ein Stück zurück. Man ließ sie gewähren, eine Gefahr für die Menschen bestand dadurch nicht. Eher selten wurden durchgerissene Buhnen mit Sandsäcken oder Steinen wieder geschlossen. Eine Instandhaltung nach westlichen Maßstäben kam nicht zustande. An bestimmten Abschnitten verhalfen sogar Panzer, wenn sie das Durchqueren des Flusses probten, dem Fluss unbeabsichtigt zu mehr Natur. Ihre Stahlketten legten manche zugepflasterten Sandufer wieder frei.

Während im Osten Deutschlands der Ausbau an der Elbe für ein halbes Jahrhundert ruhte, ging es an den Flüssen im Westen erst richtig los. Die Schiffe wurden immer gigantischer. Nach dem 1000-Tonnen-Schiff mit 2 m Tauchtiefe kam das Europaschiff mit 1350 Tonnen und 2,50 m Tauchtiefe, ihm folgte das Großmotorgüterschiff mit 2 000 Tonnen und 2,80 m Tauchtiefe – für den Wasserbau war das eine Herausforderung, der man sich offenbar gern stellte.

Abgebrochene Ufer gehören zu jedem naturnahen Flusslauf. Der Fluss nimmt sich hier, was er braucht.

Einen traurigen Höhepunkt erreichte der Wasserstraßenausbau mit dem Main-Donau-Kanal. Für vier Milliarden Mark wurde die Trasse durch die Landschaft getrieben, das einst idyllische Altmühltal fiel dem Kanal zum Opfer. Die weiterentwickelte Technik machte es möglich, Berge zu versetzen oder für Schiffe überwindbar zu machen. Die neue Wasserstraße bahnte angeblich den Weg für Binnenschiffe vom Atlantik bis zum Schwarzen Meer. Doch dieser Ausbau wurde zum Flop. Die vorhergesagten Transportmengen kamen niemals auf den Kanal. Der Verkehr auf dem Seeweg erwies sich als schneller und billiger.

Modernisierung der Wasserstraße Elbe – kommt der unsanfte Prinz?

1990 sollte im Osten Deutschlands alles besser werden. Im Vergleich zu den fieberhaft ausgebauten Wasserstraßen in der alten Bundesrepublik wurde für die Elbe ein enormer Aufholbedarf festgestellt. Sie wirkte im Ost-West-Vergleich wie ein vernachlässigter, ja, wie ein verwilderter Wasserweg aus Urgroßvaters Zeiten.
Während an allen westlichen Flüssen das für die Schifffahrt hinderliche Niedrigwasser durch den Bau von Staustufen außer Kraft gesetzt wurde, zeigte sich die Elbe noch im ausgehenden 20. Jahrhundert launisch wie eh und je, mit sommerlichen Sandstränden, bunt bewachsenem Ufer und wenig Wasser. Die Natur bestimmte, wie viel die Schiffe laden durften, wann sie fahren konnten und wann nicht.

Ein durchgehender Staustufenbau hätte „klare Verhältnisse" an der Elbe gebracht. Er wurde zwar erwogen, doch die Kosten übertrafen den erwarteten Nutzen um das Zehnfache. Damit fiel das Projekt aus wirtschaftlichen Gründen durch. Selbst der reduzierte Staustufenbau von Magdeburg bis zur Saalemündung wäre dreimal so teuer wie der vorhergesagte Gewinn, selbst nach 80-jähriger Nutzungsdauer. Am längsten hielt man an der Planung für eine Staustufe bei Magdeburg fest. Sie sollte den Domfelsen, ein altbekanntes Schifffahrtshindernis, nach Vorkriegsplänen überstauen. Anhaltende Proteste sorgten dafür, dass auch dieses Vorhaben fallen gelassen wurde.
Anders an der unteren Saale, dem letzten frei fließenden Abschnitt. Obwohl zwei Bundesfachbehörden, die Bundesanstalt für Gewässerkunde und das Bundesamt für Naturschutz, den Ausbau der Saale für nicht vertretbar halten, wird seitens der Wasser- und Schifffahrtsverwaltung mit aller Kraft am Bau einer Staustufe festgehalten. Damit soll die Saale auf ihren 88 Kilometern von Halle bis zu ihrer Mündung ganzjährig für die großen Europa-Schiffe befahrbar werden. Doch wie weiter? Die Saale ist eine Sackgasse. Andererseits mündet sie in die Elbe, die wie eh und je Niedrigwasser führt. Sie wäre nach der Vollendung des Saale-

Der Eisvogel ist ein typischer Brutvogel naturnaher Wasserläufe. Er gräbt seine Brutröhren nur in senkrechte Abbruchufer.

Die Elbe Anfang der neunziger Jahre: Der Fluss hat in den zurückliegenden Jahrzehnten Buhnen beseitigt und seine Ufer renaturiert. Eine Vielfalt von kleinen Lebensräumen ist entstanden ...

ausbaus der nächste Engpass für die Schifffahrt. Ein Saaleausbau würde nach der Salamitaktik einen Staustufenbau auch in der Elbe wieder wahrscheinlicher machen. Bleibt zu hoffen, dass der Saale und der Elbe dieses Schicksal auch künftig erspart bleibt.

Letztendlich wurden für die Elbe sogenannte Strombaumaßnahmen beschlossen: ein Sammelsurium aus Buhnen- und Uferschotterungen. Die alten Befestigungen, die den Strom festlegten und einengten, sollen wieder instandgesetzt und ergänzt werden. Das Ziel ist eine garantierte durchgehende Fahrwassertiefe von 1,60 m. Für die moderne Schifffahrt, die mindestens 2,50 m verlangt, gilt der vorgesehene Ausbau als ungenügend. Diese Baumaßnahmen wurden bislang ohne Prüfung auf Umweltverträglichkeit durchgeführt. Warum? Was irgendwann schon einmal genehmigt war, auch wenn das Bauwerk vor 100 Jahren errichtet und vom Fluss schon wieder abgeräumt wurde, dürfe ohne weiteres wieder aufgebaut werden, so das Bundesverkehrsministerium, das für Wasserstraßen zuständig ist. Neuere Erkenntnisse über den Fluss und seine Ökologie werden ignoriert und das Risiko weiterer Schäden und Eintiefungen, verbunden mit einer wachsenden Gefahr des Staustufenbaus, wird offenbar in Kauf genommen.

... bis die Bagger kamen und neue Buhnen in den Fluss trieben (oben). Auch die Schotterung der Ufer setzte vielerorts ein (Mitte) ... ... und wurde an diesem Abschnitt abgeschlossen (unten). Die Eintiefung des Flusses verschärft sich. Langfristig droht die Austrocknung der Auen.

Ein erster Test: Das Wasser der Elbe ist sichtlich sauberer geworden.

Wasser wird wieder zu Wasser
Der einst schmutzigste Fluss Europas atmet auf

Die Flüsse sind unsere Brüder – sie stillen unseren Durst.
(Aus der Rede des Häuptlings Seattle an den Präsidenten der Vereinigten Staaten 1877)

Viele Jahrzehnte lang trug die Elbe eine schwere Abwasserlast. Eine Last, die das sprudelnde Leben in ihr erdrückte. Doch dann, ab dem Sommer 1990, trat das Unwahrscheinliche ein: Die Verschmutzungsquellen versiegten schlagartig. Licht und Luft drangen in den zuvor verdunkelten Fluss. Mit dem Sauerstoff im Wasser blühte das Leben wieder auf. Längst verschollene Tierarten kehrten zurück, so, als hätte der Fluss seine verloren geglaubten Kinder wieder heimgerufen.

Zum Fluss gehen, sich erfrischen, Wasser schöpfen und genussvoll trinken, solange, bis der Durst gestillt ist – eine Illusion, unvorstellbar? Noch wage ich nicht, daran zu glauben. Für alle früheren Generationen war es die normalste Sache der Welt, eine alltägliche Handlung. Erst im 20. Jahrhundert, als der Mensch so unendlich viel erfunden hat, um sein Leben zu erleichtern, zu verbessern, zu verschönern, erst im 20. Jahrhundert hat er es geschafft, diesen Fluss durch seinen Abfall so zu verschmutzen, dass niemand mehr daraus trinken mag.
Warum sollte es nicht gelingen, das einst Alltägliche, das Schöpfen und Trinken am Fluss, wieder möglich zu machen?

Klar wie Kristall

Im 16. Jahrhundert floss die Elbe in Magdeburg kristallklar dahin. Mit Schöpfwerken wurde das Wasser in die Stadt gepumpt und diente der Trinkwasserversorgung.
Noch zu Beginn des 20. Jahrhunderts war das Elbwasser so sauber, dass man eine Sichttiefe von 60 bis 100 cm messen konnte. Die Schiffer schöpften wie selbstverständlich ihr Trinkwasser aus dem Fluss. 1911 schrieb die Fachpresse, dass die Elbe 50 Kilometer oberhalb von Magdeburg, bei Tochheim, jederzeit einwandfreies Trinkwasser in unerschöpflicher Menge liefere. Lediglich eine einfache Sandfilterung war vonnöten, um die Beschaffenheit reinsten Gebirgsquellwassers zu erzielen.
Erst 1927, einem Trockenjahr, wurden Klagen laut. Sowohl in Hamburg als auch in Magdeburg war ein muffiger Geschmack des Trinkwassers

unverkennbar. Mitte der sechziger Jahre schließlich musste die Trinkwassergewinnung direkt aus der Elbe ganz und gar aufgegeben werden.

Schwarz wie die Nacht

Die wachsenden Städte erzeugten wachsende Mengen an Abfall. Noch Anfang des 20. Jahrhunderts brachen dadurch Seuchen, wie die Cholera, aus. Erst mit der Erfindung der Schwemmkanalisation glaubten die Menschen, die Lösung gefunden zu haben. Die Abfälle wurden zum nächstgelegenen Wasserlauf verfrachtet.
Mit der Industrialisierung kamen weitere Abwasserfahnen hinzu. Wo auf der einen Seite Seife, Wasch- und Reinigungsmittel sowie Duftstoffe produziert wurden, kamen auf der anderen Seite übelriechende Abfälle heraus. Auch die Kohlechemie hinterließ ihre dunklen Seiten, und die Zellstoffindustrie färbte das Elbwasser „kaffeebraun".
Phenole, Öle, Fette und Schwermetalle, alles, was nicht mehr zu verwerten war, landete im Abwasser. Eine Spur des Gestanks zog sich den

Noch im 19. Jahrhundert schöpfen die Menschen ihr Trinkwasser aus der Elbe. Das fließende Wasser wurde außerdem durch Schiffsmühlen (links im Bild), hier bei Strehla in Sachsen, auf sehr umweltschonende Weise genutzt. Ende des 19. Jahrhunderts mussten allerdings die letzten Mühlen der Schifffahrt weichen.

Die Mulde bei Dessau vor 1990. Weiße Schaumkronen bedeckten schwarzes Wasser aus Bitterfeld, Wolfen und anderen Städten.

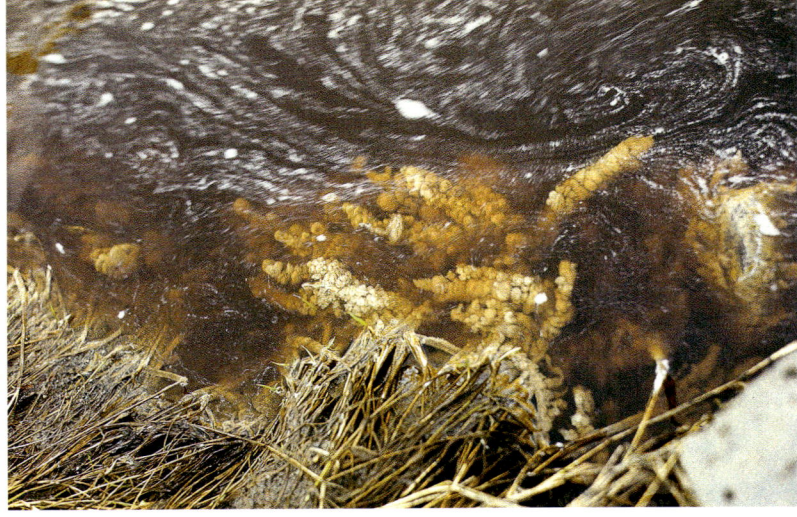
Abwasserpilze wucherten im Wasser. Sie zählten zu den wenigen Nutznießern der Verschmutzung.

Flusslauf Elbe entlang. An Kläranlagen wurde gespart. Der Sauerstoffgehalt erreichte vor allem in den Sommermonaten Werte, die gegen Null tendierten. Viele Wasserlebewesen litten darunter und gingen ein.

Doch das Leben im Wasser verschwand nicht völlig. Einige niedere Organismen hatten Hochkonjunktur: Der Abwasserpilz trieb in Form unappetitlicher Flocken flussabwärts. Die Schlammröhrenwürmer röteten den abgelagerten schwarzen Faulschlamm, in dem neben Schadstoffen auch genug Nahrung angereichert war.

Paradox scheint, dass in den Jahrzehnten der höchsten Verschmutzung Massen von Entenvögeln und Rallen auf der Elbe gezählt wurden wie nie zuvor. Ihre Nahrungsgrundlage bildeten eben diese Bakterien, Pilze und Würmer, die wenigen „Gewinner" der Verschmutzung.

Von der Last befreit

Wie schon einmal 1945, als Bomben die Industrie in Schutt und Asche legten, sorgten 1990 flächendeckende Stilllegungen für ein Aufatmen der Elbe.

Es gibt wohl kein zweites Beispiel in der Welt, wo ein Fluss in so kurzer Zeit einen so großen und positiven Qualitätssprung machte. Auge und Nase konnten es bezeugen: Das Wasser gewann an Klarheit, der Chemiegestank verflüchtigte sich.

Nach und nach verwandelten sich auch die schadstoffbeladenen, schwarzen Schlammufer in helle Sandbänke. Längst verschollen geglaubte Pflanzen und Tiere kehren zurück. Eintagsfliegen feiern wieder

Abriss der Zellstoff- und Viskosefabrik Wolfen – zuvor ein Großverschmutzer von Mulde und Elbe.

Frisch geschlüpfte Flussjungfer. Die Libellen kommen wieder. 1998 wurden an Sandstränden der Elbe erstmals Asiatische Flussjungfern entdeckt, ein deutliches Zeichen für gestiegene Wasserqualität.

Larvenhaut der Flussjungfer am Uferspülsaum der Elbe.

ihr kurzes Leben am Elbestrand. Prächtige Libellen schwirren am Ufer auf und ab. Eine bisher unbekannte Art, die Asiatische Flussjungfer, wurde entdeckt. Jungfische ziehen in Schwärmen durch das Wasser. Selbst Frösche und Schlangen scheuen sich nicht mehr davor, diese Elbe wieder aufzusuchen.

Elbe bald sauberer als der Rhein?

Über 150 Kläranlagen hat man im Elberaum in den neunziger Jahren in Betrieb genommen. Im Zusammenwirken mit der Stillegung veralteter Betriebe ist die Elbe dadurch um vieles sauberer geworden, um bis zu 90% wurde die Schadstoffbelastung verringert. Doch sauber ist die Elbe noch lange nicht. Als „kritisch belastet" stuft der Gewässerkundler sie ein. Kritisch sind vor allem die Altlasten einzuschätzen. Sie liegen verborgen im Schlamm, dem Langzeitgedächtnis eines jeden Gewässers. Immer wieder, vor allem bei Hochwasser, können diese Problemstoffe aufgewirbelt werden. Giftiges Quecksilber und Cadmium gelangen dabei in das Wasser und in die Organismen. Wie auch andere Schwermetalle sind sie nicht abbaubar und werden uns noch Jahrzehnte beschäftigen.

Während die klassischen Giftstoffe rückläufig sind, bereiten die Nährstoffe neue Probleme. Sowohl aus der Landwirtschaft als auch aus städ-

tischen Abwässern kommen Pflanzennährstoffe wie Stickstoff- und Phosphorverbindungen in die Fließgewässer. Diese ungewollte Düngung des Flusses kurbelt das Wachstum der Algen an. Vor allem im Sommer ist das Wasser dadurch getrübt, es wirkt schmutzig. Im Winter, wenn die Algen kaum wachsen, ist die Elbe auffallend klarer. Eine nachhaltige Verbesserung wäre durch eine ökologische Landwirtschaft zu erwarten, die auf chemische Düngung und Massentierhaltung verzichtet.

Insgesamt sind die Aussichten für die Elbe gut. Bei allen noch vorhandenen Problemen, so die offiziellen Prognosen, wird die Elbe bald sauberer als der Rhein sein. Das liegt nicht nur daran, dass weniger Menschen und weniger Industrie im Elberaum ansässig sind. Die Gründe für diese erfreuliche Entwicklung liegen in der naturnahen Elbe selbst. Ihr blieben, dank vermiedener Staustufen, die starken Selbstreinigungskräfte erhalten. Vor allem die Auenböden mit ihren mächtigen Kiesschichten werden im Rhythmus der schwankenden Flusswasserstände durchströmt. Sie wirken wie ein riesiges, dynamisches Biofilter, das Verunreinigungen dabei festhält und zum Teil durch Mikroorganismen abbaut. Aber auch die natürlich bewachsenen Ufer und die Flachwasserzonen sind wichtige Träger der biologischen Selbstreinigung. Mit diesen unschätzbaren Gratisgaben der Natur stehen der Elbe die guten Zeiten noch bevor.

Mit der Stilllegung von Kraftwerken (hier das Braunkohlekraftwerk Vockerode) klarte nicht nur der Himmel wieder auf.
Auch die Elbe wurde von der Abwärmelast befreit.

Nach der ersten Frostnacht am Elbufer. Die farbige Vielfalt an Pflanzen wird von silbrig schimmerndem Reif bedeckt.

Kleiner Mensch im großen Fluss: Angler an der unteren Mittelelbe.

Wo Fische wandern können
Die Flossenträger sind im Kommen

Fische brauchen Wasser, sauberes Wasser – eine Binsenweisheit. Flussfische aber, sofern sie zu den Wanderfischen zählen, brauchen mehr. Sie brauchen nicht nur sauberes, sondern auch frei fließendes Wasser und durchlässige Wege ohne Barrikaden.

Geboren werden die wandernden Flussfische entweder im Meer und wandern später den Fluss hinauf, oder im Fluss und ziehen dann zum Meer hinab. Nach einigen Jahren setzt die Rückwanderung ein. Ein erfolgreiches Fischleben endet immer genau dort, wo es einmal begonnen hat: an seiner Geburtsstätte. Dazu muss der Fluss durchgängig, für die Fische durchwanderbar sein.

Fisch sein – warum nicht einmal ganz andere Erfahrungen machen? Einziehen in ein fremdes Reich, dorthin, wo der Blick für den Menschen versperrt ist. Am liebsten wäre ich ein Wanderfisch. Im Quellwasser geboren werden, zwischen Kieselsteinen herumtollen, im flachen Wasser von der Sonne wärmen lassen, die Elbe von oben bis unten durchwandern, in den Nebenarmen herumstöbern, im Schwarm durch das Meer ziehen, achtsam vor den Haien sein, Salz schmecken, um wieder das süße Flusswasser zu schätzen, nach der Heimkehr.

Eine fast 100-jährige Geschichte: die letzten Elbstöre

Einer der legendärsten Wanderfische ist der Stör. Er kann eine Länge von vier Metern erreichen. Damit ist er der mit Abstand größte Fisch der mitteleuropäischen Binnengewässer. Trotz seiner Größe ist er für den Menschen ungefährlich. Störe leben vor allem von kleinen Bodentieren wie Muscheln und Schnecken.

Früher wurde er in allen großen deutschen Flüssen häufig gefangen. Die Eier der Störweibchen sind als echter Kaviar weltweit als Delikatesse begehrt.

Ihren uralten Wandertrieben folgend, stiegen die atlantischen Störe vom Ozean kommend im Frühjahr auch bis in die Elbe auf, um sich fortzupflanzen. Dazu legten die Weibchen große Eiermengen auf Kiesbänken im flachen Wasser ab.

Nicht selten wurde ihnen das zum Verhängnis.

Jene Fischer, die die letzten Elbstöre gefangen haben, leben zwar nicht mehr, aber die Geschichten sind überliefert und noch heute erzählenswert.

Am 7. Juni 1907 hat sich an der Elbe zwischen Dommitzsch und Pretzsch – an der heutigen Grenze zwischen Sachsen und Sachsen-Anhalt – Folgendes zugetragen:

Die Pretzscher Fischermeister Wilhelm und Otto Budewell wollten am späten Nachmittag zum Fischen nach Dommitzsch fahren. Sie ließen sich, wie es damals üblich war, mit ihrem motorlosen Boot von einem Elbschleppschiff stromauf ziehen.

Oberhalb der Stadt entdeckten sie auf einer Sandbank ein großes, dunkelbraunes Tier, das zum Teil aus dem flachen Wasser ragte. Die Fischer lösten ihr Boot rasch von dem Schleppzug und ruderten zu dem seltsamen Wesen. Sie trauten kaum ihren Augen, als sie den riesengroßen Fisch vor sich sahen. Es war ein Stör, der kapitalste unter den Flussfischen überhaupt. Das Weibchen war gerade dabei, seinen Laich im flachen Wasser auf einer Kiesbank abzulegen. Die Männer staunten, ihr Fischerherz schlug in höchster Aufregung. Sie ergriffen das Bootsseil,

Der letzte Stör, gefangen 1911 in Magdeburg.

sprangen aus ihrem Kahn, überraschten das Tier und legten es in Fesseln. Es kämpfte mit aller Kraft um sein Leben und versuchte, sich zu befreien. Durch einen hohen Sprung landete es auf dem trockenen Ufer. Dort hatte es keine Chance mehr.

Das gefangene Störweibchen war drei Meter lang und drei Zentner schwer, fast so viel wie die beiden Fischer zusammen.

Bald wurde es Nacht. Im Dunkeln ruderten die Fischerleute die 18 Kilometer stromab nach Pretzsch und hatten den Stör im Schlepptau, festgebunden an Kopf und Schwanz.

In Pretzsch lag der Fisch noch drei Tage lebend an der Leine im Wasser der Elbe, denn es mussten erst einmal zahlungskräftige Käufer gefunden werden. Bevor der Fisch endgültig geschlachtet wurde, stellte man ihn noch in einem mit Wasser gefüllten Fischerboot im Garten des Hotels „Zum Goldenen Stern" aus. Eine Attraktion, die es seit Jahren nicht gegeben hatte.

Das Schlachtfest fand auf dem Hof der Fischer statt. Der sensationelle Fang wurde ausgepfundet, wie es damals hieß, und stückweise verkauft. Das größte Stück kaufte das Hotel „Zur goldenen Sonne" in Bad Schmiedeberg, um seinen Gästen ein leckeres Mahl anzubieten. Stör gekocht erinnert im Geschmack an Kalbfleisch.

In einem zeitgenössischen Bericht heißt es: „Aus alledem ist zu ersehen, dass so ein Störfang sich ganz hübsch lohnt und geeignet ist, ein gut teil beizutragen zur Stärkung der Finanz- und Steuerkraft der Fischer".

Die beiden Fischer hatten das Geschäft ihres Lebens gemacht – und gleichzeitig zum Aussterben der Störe beigetragen.

Bei Wootz in der brandenburgischen Elbtalaue wurde 1921 nochmals ein großer Stör gefangen. Er soll zu schwer gewesen sein für alle Waagen des Dorfes, so dass sein Gesamtgewicht nicht ermittelt werden konnte. Allein das Gewicht des Kaviars wurde festgestellt: 70 Pfund zeigte die Waage an.

Warum die Elbstöre ausgestorben sind

Das Verschwinden der Störe kam nicht von heute auf morgen. Schon im Laufe des 19. Jahrhunderts waren Störe immer seltener geworden. Ein Grund lag in der Zerstörung ihres Lebensraumes durch den massiven Flussausbau. Ufer wurden gepflastert, hinzu kam der Bau von Steinbuhnen, die den Fluss weiter einengten. Diese Einengung auf ein nur gut 100 Meter schmales Gerinne raubte der Elbe die natürlichen Strukturen, die ein Stör unbedingt braucht, nämlich unregulierte, wilde Flussbetten. Wichtig für diesen Fisch sind die tiefen Kolke, die „Löcher im

Flussgrund". Dort hält er sich gern auf. Genauso entscheidend sind aber auch die großen, flach überströmten Kiesbänke, wo das Störweibchen seinen Laich ablegt. Die tiefen Kolke wie die Kiesbänke gingen schon mit den ersten Regulierungsversuchen an der Elbe im 19. Jahrhundert zu einem großen Teil verloren. Der Hauptgrund für das rasche Aussterben der Störe lag jedoch bei den Fischerleuten selbst, bei ihrer rigorosen Fischerei.

Massensterben der Elbfische

Um 1900 waren die Fangerträge der Berufsfischerei in der Elbe mit rund 100 Kilogramm pro Hektar Wasserfläche etwa doppelt so hoch wie in den Seen.

Lange glaubten die Menschen, sich beliebig bedienen zu können. Doch bald ging es mit dem Fischreichtum drastisch bergab.

Bereits 1911 wurden erste Massensterben von Fischen dokumentiert. Die Elbe führte Niedrigwasser. Oberhalb der Stadt Dresden lag die Zellstofffabrik Pirna. Sie leitete, wie damals üblich, ihre ungeklärten Abwässer ein, die den im Elbwasser gelösten Sauerstoff restlos aufzehrten. Die meisten Fische starben einen qualvollen Tod. Wo der Sauerstoff gerade noch zum Überleben reichte, traten seuchenhafte Erkrankungen bei Aalen und Hechten auf. Die Fischerinnungen Sachsens waren in ihrer Existenz bedroht. Sie richteten deshalb eine Eingabe an das Königlich-Sächsische Ministerium des Inneren.

In der Antwort wurden die zugefügten Schäden zwar anerkannt, ihre Bedeutung gegenüber der florierenden Industrie jedoch als äußerst bescheiden dargestellt. Eine Abwasserreinigung sei unzumutbar, befanden die unternehmerfreundlichen Beamten. So wurde die chemische Belastung der Flüsse staatlich geschützt. Der Flussfischer, einer der ältesten Berufsstände in der Menschheitsgeschichte überhaupt, verlor sein Daseinsrecht. Die auflebende Industrie mit ihren Arbeitsplätzen wurde höher geschätzt als die Flussfischerei.

Die Giftwelle aus der Chemieindustrie

Mit dem Beginn der dreißiger Jahre kam die nächste, noch größere Verschmutzungswelle. Die neu gegründeten großen Chemiebetriebe Mitteldeutschlands, Leuna und Buna an der Saale, Böhlen und Espenhain an der Pleiße, Bitterfeld und Wolfen an der Mulde, Schwarzheide an der Schwarzen Elster, sie alle produzierten Unmengen giftigen Abwassers, das auch früher oder später in der Elbe landete. Viele Fische

Kormorane auf der Elbe. Noch können sie in Frieden fischen und werden nicht bejagt.

verloren ihren Lebensraum Fluss ganz und gar. Neben den Schadstoffen im Wasser bedeckte giftiger schwarzer Schlamm die einst gelben Sandufer. Manche Fischarten konnten sich in Nebengewässer zurückziehen, wo sie von den Giftwellen verschont blieben. Die Wanderfische jedoch traf es am härtesten: Sie waren und sind auf die großen Ströme, so auch auf die Elbe, angewiesen.

Ein Aufatmen ging 1945 durch die Elbe und ihre großen Nebenflüsse, als die Industrie am Boden lag. Viele Fische kamen zurück in ihren angestammten Lebensraum. Sie wanderten aus Nebenflüssen oder Nebenarmen, die wenig verschmutzt waren, wieder ein.

Doch schon Anfang der fünfziger Jahre wurden die alten Technologien wieder flott gemacht. Die Natur, vor allem die Fische, hatten das Nachsehen. Die letzten Elbfischer hielten sich noch im Raum Tor-

gau/Pretzsch, im Elbe-Havel-Winkel sowie weiter Richtung Hamburg. Ihre Fänge stammten zumeist aus Altarmen. Die Stromelbe wurde in Ostdeutschland kaum mehr befischt, obwohl es darin immer Fische gab.

Als die DDR in Magdeburg noch Trinkwasser aus der Elbe förderte, zeigten die Fische die Veränderungen der Wasserbeschaffenheit schon längst an. Ein Wissenschaftler kommentierte 1953 Geschmacksproben von Elbfischen wie folgt:

„... es zeigte sich, dass vor allem die eigentlichen Strom- und Freiwasserfische geschmacklich beeinflusst sind. Die Uferfische sind zwar ebenso nicht zu genießen, doch ist bei ihnen der beißende Geschmack und der Nachgeschmack nicht so stark gewesen. Eine Probe von Muskelfleisch eines Rapfens besaß einen derart stechenden Geruch, den

Angeln an der Elbe unterhalb von Lutherstadt Wittenberg/Piesteritz, einst zog hier eine Abwasserfahne entlang ...

man tagelang nicht los wurde. Den Eingeweiden entströmte ein beißender Geruch, dass die Augen des Untersuchers tränten."

Das Hauptproblem für die Fische war der im Sommer oft einsetzende Sauerstoffmangel. Obwohl bei Sauerstoffkonzentrationen unter drei Milligramm pro Liter die Elbfische eigentlich hätten tot sein müssen, überdauerten dennoch nicht wenige Fische, insbesondere anpassungsfähige Allerweltsarten.

Neben einigen anderen Arten trotzte vor allem der Aal aller Verbauung und Verschmutzung. Ein gründliches Räuchern ließ überdies seine Herkunft und seinen Chemiegeschmack vergessen machen. Doch mit der Zeit ging es auch den Aalen nicht gut. Immer mehr Tiere neigten zur Geschwürbildung. Wegen der weißen Auswüchse an Kopf und Körper sprach man von der „Blumenkohlkrankheit".

Staustufe Geesthacht – Endstation für Wanderfische

Die anhaltende Verschmutzung dezimierte das Fischleben in der Elbe beträchtlich. 1960 kam jedoch ein neuer, folgenschwerer Einschnitt hinzu: Oberhalb von Hamburg wurde eine Staumauer in den Fluss gesetzt, die Staustufe Geesthacht.

Sie sollte die Schifffahrtsbedingungen verbessern und Flutwellen aus der Nordsee stoppen. Der Bau dieser Mauer erfolgte ohne Prüfung auf Umweltverträglichkeit. Das war damals noch nicht üblich. Doch die Folgen waren bald spürbar.

Selbst die letzten, noch verbliebenen Wanderfische kamen nicht mehr zurecht. Diese Staumauer war das abrupte Ende ihrer seit Millionen von Jahren eingespielten und biologisch notwendigen Wanderungen. Die Fische scheiterten an der Unüberwindbarkeit des künstlichen Hindernisses. Gegen die aus knapp drei Metern herabstürzende Wucht des Wassers kam selbst der kräftigste Flossenträger nicht an. Die Elbe wurde damit zur Sackgasse. Den einst Tausenden von Tieren, die täglich den Strom bergauf zu ziehen gewohnt waren, blieb damit der Aufstieg zu ihren eigenen Kinderstuben verwehrt.

Die Elbfischer stellten oberhalb des Stauwehres einen weiteren Rückgang ihrer Fänge fest. So wurden entschieden weniger Quappen gefangen, jene edlen und fettreichen Fische, die früher in großer Zahl in die Netze gingen. Auch die Flunder blieb seit der Errichtung der Staustufe völlig aus. Dieser Plattfisch, den wir von der Küste her kennen, trug auch den Namen Elbbutt. Einst zog dieser Fisch Hunderte Kilometer die Elbe stromauf bis nach Magdeburg. Mit dem Bau der Staumauer hieß für diesen Flossenträger das Ende der Reise Geesthacht – 300 Kilometer vor Magdeburg.

Wo Fische Treppen steigen müssen

Anfang der sechziger Jahre, als die missliche Lage der Fische schon deutlich war, sollte mit dem Bau einer Fischtreppe mit abgestuften Kammern eine Besserung herbeigeführt werden. Doch der gutgemeinte Versuch schlug fehl. Nur wenige Fische fanden von der breiten Elbe aus den schmalen Einstieg zum Weg nach oben. Ebenso erging es dem in den achtziger Jahren errichteten Aufstieg für Aale. Er wurde kaum angenommen. Wanderfische brauchen eine starke Lockströmung, um ihre Wanderrichtung zu erkennen. Die Fische wurden immer wieder von der starken Strömung nahe der Staumauer angelockt, doch ohne Aussicht auf ein Weiterkommen. Nur wenige Fische fanden den Einstieg in den Aufstieg.

Erst eine neue Fischtreppe, die im Sommer 1998 in Betrieb ging, brachte etwas Besserung. Der größer angelegte, künstlich errichtete Wildbach von über 200 Metern Länge und zehn Metern Breite umgeht die Staumauer und bietet den Wanderfischen einen Ausweg aus ihrem Dilemma. Schnellfließende Abschnitte mit kräftiger Strömung lösen sich ab mit Ruhebecken zum Pausieren. Dies kommt den Fischen, die Kurzstreckenläufern ähneln, entgegen. Auch wenn jetzt mehr Fische den Aufstieg finden, es bleibt eine Notlösung. Viele Fische, aber auch andere Wassertiere, scheitern nach wie vor an der Staumauer. Ein frei fließender Fluss ist deshalb als natürlicher Lebensraum nicht zu ersetzen.

Strom aus Wasserkraft bringt vielen Fischen den Tod

Völlig verschont blieb die Elbe bislang von Wasserkraftwerken. Diese Art der Stromgewinnung, die immer noch als umweltfreundlich bezeichnet wird, ist für Fische doppelt gefährlich. Einerseits behindert sie die Fische – bedingt durch die Staumauer – an ihrem Aufstieg. Andererseits gelangen sie bei ihrer Wanderung stromab allzu oft in die Turbinen. Neben äußeren Verletzungen treten vor allem innere Blutungen an Leber, Herz und anderen Organen auf. Erst durch Röntgenaufnahmen hat man jüngst diese Schäden an den Fischen des Mains nach ihrer Passage durch Turbinen entdeckt. Die betroffenen Tiere sind zwar nicht sofort tot, aber ihre Überlebenschance ist gemindert.

Im Gegensatz zur ostdeutschen Elbe geht es in der tschechischen Elbe den Fischen weniger gut. Die Labe, wie sie auf tschechisch heißt, ist schon fast vollständig staugeregelt. Eine Kette von 22 Staustufen steht bereits, Wasserkraftwerke sind geplant. Zwei weitere Staustufen bis zur tschechisch-deutschen Grenze sind noch in der Diskussion. Bemer-

Die einzige Staustufe in der deutschen Elbe liegt bei Geesthacht vor Hamburg. Um den Fischen ihren Aufstieg zu ermöglichen, wurde eine dritte Fischtreppe (rechts im Bild) gebaut. Sie ist besser als ihre Vorläufer, doch finden nicht alle Tiere den Einstieg.

kenswert ist, dass sich diese Planung auf ein noch heute geltendes Wasserstraßengesetz aus dem Jahre 1901 gründet. Für die Fische bleibt zu hoffen, dass Gesetze, selbst wenn sie noch so alt sind, durch Menschen auch geändert werden können.

Von Aland bis Zope – die vergessenen Namen

Nach der historisch gesehen wohl einmaligen, flächenhaften Stilllegung ganzer Industriezweige in der ehemaligen DDR kamen zahlreiche Fischarten wieder, die in der Zwischenzeit als verschollen galten. An der Mittleren Elbe werden inzwischen wieder über 30 Arten nachgewiesen. An der Unteren Elbe bei Hamburg wurden gar mehr als 90 Fischarten gezählt, darunter überwiegend Bewohner von Brack- und Salzwasser.

Die Fische kehrten in einer Vielfalt zurück, die beinahe an alte Zeiten erinnert. Nicht nur die bekannten Arten Aal, Hecht und Zander schwimmen wieder in der Elbe, auch Döbel und Hasel, Blei und Schleie, Quappe und Barsch, Karpfen und Rapfen, Barbe und Aland, Gründling und Ukelei, Stint und Meerforelle, Zährte und Zope kommen vor. Sogar der Nordseeschnäpel, auch als Edelmaräne bekannt, findet sich heute im Elbwasser. Er galt in den achtziger Jahren in Europa als nahezu ausgestorben. Neu entdeckt wurde in der Mittleren Elbe das Vorkommen des Weißflossengründlings.

Die Elbe scheint auf dem besten Wege, wieder einer der fischreichsten Flüsse Europas zu werden.

Einige Arten gelten allerdings noch als verschollen. Dazu gehören der einst massenhaft vorkommende Maifisch und der atlantische Stör. Für sie müssen sich die Lebensbedingungen noch erheblich verbessern, damit sie wieder Fuß, besser Flosse, fassen können.

Ob die Elbfische wieder essbar sind?

Vorsicht ist noch angebracht. Vor allem Quecksilber und Cadmium aus alten Zeiten bereiten Sorgen. Noch stecken die hochgiftigen Schwermetalle im Schlamm, in der Schwebstoffen und in den Kleintieren. Über die Nahrungskette gelangen sie in die Fische. Vor allem ältere und fette Exemplare von Aalen und Zandern können Schwermetalle, aber auch chlorhaltige Kohlenwasserstoffe in bedenklichen Konzentrationen angereichert haben.

Dennoch, die Aussichten auf weitere Besserung sind gut. In absehbarer Zeit wird die Elbe nicht nur sauberer als der Rhein sein. Sie wird vor allem gerade den wandernden Flussfischen die besseren Lebensbedingungen bieten.

Ausschau nach den Lachsen? Stauwehr im Lachsbach, einem Nebenfluss der Elbe in der Sächsischen Schweiz. Bis hierher und nicht weiter kommen die aufsteigenden Lachse aus eigener Kraft. Dieses Betonwehr ist für sie unüberwindbar.

Ein König kehrt zurück
Die Wiederansiedlung der Lachse

Jahrtausende lang stiegen die Lachse im Herbst die Elbe stromauf. Doch mit der Industrialisierung schlug für den edlen Wanderfisch die letzte Stunde. Die Verbauung unserer Flüsse und Bäche, ihre Umwandlung in künstliche, monotone Gerinne, die den Fischen eher als Gefängnisse denn als Lebensräume erscheinen mussten, sowie die rücksichtslose Wasserverschmutzung brachten dem Elblachs das tödliche Aus. 1995 startete man in Sachsen einen Neuanfang: Im Lachsbach, einem Elbnebenfluss bei Dresden, wurden junge Wildlachse aus Nordeuropa ausgesetzt.

Einst Arme-Leute-Essen

Die Knechte und die Mägde früherer Jahrhunderte, sie rebellierten allerorten. Schwer hatten sie zu arbeiten, oft von Sonnenaufgang bis Sonnenuntergang, und sie fanden sich damit ab. Womit sie sich nicht abfinden wollten, war das Essen, das sie von ihrer Herrschaft vorgesetzt bekamen. Es gab Lachs, Lachs und nochmals Lachs. Vor allem im Sommerhalbjahr, wenn die sogenannten „Dienstbotenlachse" nach ihrem Laichgeschäft abgemagert flussabwärts trieben, beruhte manche Not der Bediensteten auf einem Überfluss an Lachs auf den Tellern. Die andauernden Beschwerden und die Verweigerung der Nahrungsaufnahme führten zu klaren Vereinbarungen. So soll in den Gesindeordnungen festgeschrieben worden sein, dass es nicht öfter als dreimal in der Woche Lachs geben durfte ...
Lachsgeschichten dieser Art werden überall erzählt, ohne dass sie belegt sind.
Gesichert ist jedoch, dass der Lachsfang über Jahrhunderte in Anhalt fürstliches Monopol und die größte Einnahmequelle überhaupt war. Am beliebtesten und teuersten waren die aufsteigenden Märzlachse, auch Silberlachse oder Herrenlachse genannt. Das Fürstenhaus machte Lachsgeschenke an die Kurfürsten von Sachsen und Brandenburg, aber auch an die Feinschmecker Luther und Melanchthon. Das Dienstpersonal hingegen wurde mit den halbtoten, weniger wohlschmeckenden und in der warmen Jahreszeit leicht verderblichen Sommerlachsen abgespeist.

König Lachs ohne Reich

Wenn wir heute an den Lebensraum der Lachse denken, kommen uns ferne, unberührte Flüsse in Norwegen, Sibirien oder Kanada in den Sinn.
Dabei waren unsere Flüsse in Mitteleuropa früher ebenso voller Wildlachse. Die bis zu einem Meter langen und bis 30 Kilogramm schweren Edelfische zogen jeden Herbst die Elbe stromauf und suchten sich in den Nebenflüssen ihre Laichplätze. Als Lachsgewässer besonders berühmt war die Mulde, ein Nebenfluss der Elbe. Doch das ist Geschichte.
Der Niedergang der Lachsfischerei ist penibel protokolliert.
Der Atlantische Lachs war bis weit ins 19. Jahrhundert der wichtigste Fisch der Elbfischer. Mit dem Ausbau der Elbe zur Wasserstraße ging es allerdings mit dem Lachs – ähnlich wie beim Stör – steil bergab. Hinzu kam der Verbau der Nebenflüsse. So wurden 1895 im Flussgebiet der Mulde 95 Wehre gezählt, die über zwei Meter hoch und selbst für sprungfreudige Lachse kaum überwindbar waren.
Der Weg der Lachse zu ihren wichtigsten Laichgebieten war damit abgeschnitten, die Mulde wurde „lachsfrei".
1896 war der Lachs im Elbegebiet bereits so stark dezimiert, dass selbst der letzte Versuch, den Niedergang der Elblachsfischerei aufzuhalten, fehlschlug. Die in Porschdorf vom Papierfabrikanten Rößler installierte Lachsbrutanstalt stellte bereits nach wenigen Jahren ihren Betrieb wieder ein. Viel Aufwand wurde betrieben, um eine Fischart am Leben zu erhalten, die sich seit Urzeiten von selbst vermehrte, ohne jedes menschliche Zutun.
1925 kam die Lachsfischerei völlig zum Erliegen. Seit 1932 wurde kein einziger Lachs mehr in der Elbe gesehen. Lediglich 1947 ging noch einmal ein Lachs bei Pirna ins Netz. Dies war wohl ein Irrläufer, der auf Grund der Wasserverbesserungen nach dem Kriege den Aufstieg in die Elbe versuchte.
Schlechte Zeiten brachen für die Natur an. Die Abwässer der Papier- und Zellstoffindustrie sowie der Chemieindustrie waren für die Lachse unerträglich. Der Sauerstoff im Wasser wurde knapp, zu knapp. Die Fische erstickten. Dem König unter den Fischen, dem Lachs, wurde sein Reich entzogen.

Wanderweg der Lachse – immer den Strom entlang.

Ähnlich schlimm, vor allem aber nachhaltiger in der Wirkung, war der Verbau der Flüsse und Bäche. Fast alle Nebenflüsse der Elbe erhielten Wehre oder Staumauern, die oft so hoch sind, dass selbst die Lachse scheitern müssen. So wurde mit dem über drei Meter hohen Wehr bei Muldenstein 1975 der gesamte Mulderaum für Lachse absolut unzugänglich. Doch auch große Teile der Oberen Elbe sind unerreichbar geworden. Die sieben Meter hohe Staumauer am Schreckenstein sperrt inzwischen allen Wanderfischen den Weg nach Böhmen ab.

Mit jedem neuen Bauwerk, das im Namen des Fortschritts eingeweiht wurde, ging ein Stück Lebensraum der Wanderfische verloren. Ihr biologisch notwendiger Aufstieg war damit verbaut, wenn zwar nicht für immer und ewig, denn jedes Bauwerk fällt einmal zusammen, so doch für viele Generationen.

Neuanfang mit lebenden Lachsimporten

Als nach der politischen Wende Anfang der neunziger Jahre das Wasser beinahe über Nacht immer sauberer wurde, drängte sich eine Idee förmlich auf: die Wiedereinbürgerung der Lachse. Da der heimische Elblachs ausgerottet war, suchte die Sächsische Landesanstalt für Landwirtschaft nach einer Lösung. In Europas Norden, in Schweden und Irland, gibt es noch Wildlachse. Von dort nach Sachsen geholt, wurden die ersten Eier im Winter 1994/95 in Langburkersdorf künstlich erbrütet. Die Lachsbrut wurde nach dem Schlupf in die Quellflüsse des Lachsbaches, ein Flüsschen im Elbsandsteingebirge, in dem es auch früher Lachse gab, ausgesetzt und sich selbst überlassen. Drei Jahre lang waren die eingesetzten Fische für uns Menschen verschwunden. Mit einem Tempo von über 100 Kilometer am Tag wanderten sie zielsicher die Elbe stromab, zogen durch die Nordsee und den Atlantik bis vor die Küste Grönlands. Dort gibt es gutes Futter und die Lachse fraßen sich rund und dick. Irgendwann spürten sie wieder ihren Wandertrieb und traten die Rückreise an. Im Herbst 1998 tauchten die ersten Lachse wieder in der Elbe auf. Inzwischen fanden über 100 Tiere den Weg zurück zu ihrer Geburtsstätte in Sachsen – ein beispielhafter Erfolg. Die neue Fischtreppe von Geesthacht, das Umgehungsgerinne für Wanderfische, war glücklicherweise gerade eingeweiht worden. Hinter Dresden bogen die Lachse zielsicher links ab in den Lachsbach. Doch dann kamen die Wanderfische nicht weiter, weil ihnen ein schräges Betonwehr im Wege stand. Selbst mit den größten Sprüngen landeten sie nur auf Beton, statt stromauf im tiefen Wasser. Fischer, die die Lachse entdeckten, eilten zu Hilfe. Mit großen Keschern wurden die von den vielen vergeblichen Sprungversuchen erschöpften Lachse eingefangen und oberhalb der Mauer wieder dem Flüsschen zurückgegeben.

Für uns Menschen ist es kaum nachvollziehbar, wie die Lachse sich ohne Karte und Kompass in der eher trüben Unterwasserwelt zurechtfinden.
Mit ihrem feinen Geruchssinn finden die Lachse den Ort ihrer Geburt bis auf zehn Meter genau. Dort schlagen die Weibchen kleine Vertiefungen in das Kiesbett, um den Rogen, jetzt als Laich bezeichnet, hineinzulegen. Die Männchen, erkennbar an ihren nach oben gebogenen „Laichhaken" am Unterkiefer, ergießen ihre „Milch" darüber. Das ist der Höhepunkt im Leben der Lachse und gleichzeitig ihre letzte Handlung. Nur wenigen Fischen gelingt es, diesen Zyklus noch einmal zu wiederholen.

Lachserfolg macht Schule

Nachdem der Mensch im 20. Jahrhundert den Lachsen das Leben schwer bis gar unmöglich gemacht hatte, wird jetzt auch an anderen Orten mit der Wiedergutmachung begonnen. Nicht nur Lachse, auch Meerforellen, Schnäpel und weitere Wanderfischarten werden wieder in die Elbe und ihre Nebenflüsse eingesetzt.
Doch der Weg ist noch weit. Eine dauerhaft erfolgreiche Wiedereinbürgerung setzt voraus, dass alle Lebensbedingungen erfüllt sind: Dazu zählen sauberes, fließendes Wasser und eine freie Durchwanderbarkeit. Viele Hindernisse, vor allem die Stauwehre in den Nebenflüssen, sind noch aus dem Weg zu räumen oder durchgängig zu machen.
Wichtig sind auch tiefe Kolke sowie breite und flache Uferzonen, teils

Gefangen! Nicht als Beute, sondern zur Hilfe. Die zurückgekehrten Lachse werden von Fischern der Sächsischen Landesanstalt für Landwirtschaft über das Wehr gehoben.

aus nackten Kies- und Sandbänken, teils mit krautigen Unterwasserpflanzen bewachsen. Eine große Vielfalt der Unterwasserlandschaft macht die Qualität eines Lebensraumes aus. Der bisher praktizierten Monotonie durch technischen Ausbau gilt es, mehr lebendige Vielfalt und Dynamik entgegenzusetzen.
Alte Flussbauwerke wie Buhnen, Uferbefestigungen und Wehre verfallen zu lassen, statt sie wieder instand zu setzen, wäre für die Fischwelt ein wahrer Segen. Eine gewollte „Verwahrlosung" der geschaffenen menschlichen Ordnung käme ebenso den Wasser- und Uferpflanzen zu Gute.
In Frankreich handelte man im Sommer 1997 vorbildlich, als auf Initiative der FlussschützerInnen zwei Stauwehre am Allier, einem Nebenfluss der Loire, gesprengt wurden. Der einzige Grund für die Sprengung war, den Lachsen wieder Wege in ihre angestammten Lebensräume freizugeben. An den Nebenflüssen der Elbe steht dieser neue, lachsfreundliche Trend noch bevor. Gerade die Mulde als früherer berühmter Lachsfluss könnte den Wanderfischen wieder geöffnet werden. Staumauern lassen sich nicht nur errichten und instand halten, sie lassen sich auch beseitigen.

Eine Chinesische Wollhandkrabbe auf Wanderschaft. Diese Art hat eine bewegte Geschichte.

Exotische „Räuber" mit Handschuhen
Vom Kommen, Gehen und Wiederkehren der Wollhandkrabben

Erst vor 100 Jahren wurde sie von China absichtslos mit dem Ballastwasser der Frachtschiffe bis nach Hamburg transportiert, die Chinesische Wollhandkrabbe. Das Tier, das sonst am Jangtse lebt, kam mit den neuen Verhältnissen gut zurecht. Sein Siegeszug an der Elbe war von durchschlagendem Erfolg für die Art: Da die Krabbe keine natürlichen Feinde vorfand, eroberte sie den Fluss quasi im Sturm. Doch die Krabbe mit den wollig behaarten Scheren – man könnte sie als Handschuhe bezeichnen – hat nicht nur Freunde.

Morgens in der Dämmerung wabbelt es am Ufer. Zeitlupenhaft, aber zielsicher bewegt es sich, das Getier mit seinen acht Beinen und den zwei Scheren. Wollhandkrabben auf Wanderschaft. Sie arbeiten sich gegen den Strom vor, die neuen Siedlerinnen an der Elbe. Wenn der Tag anbricht, verschwinden sie in Hohlräumen und suchen Deckung. Nur manchmal hinterlassen sie unverkennbare Spuren: ihre Panzer. Immer, wenn ihr Kleid zu klein wird, streifen sie es ab und lassen es liegen, wo es hinfällt. Der Ersatz, das neue Kleidungsstück ist schon vorhanden und muss nur noch aushärten. Krabbenleben ist in dieser Beziehung sehr unkompliziert.

Krabbenweltreise: vom Jangtse an die Elbe

An welchem Tag genau die ersten Wollhandkrabben in deutschen Gewässern landeten, ist nicht bekannt. Ja, selbst das Jahr bleibt im Dunkeln. Es muss um 1900 gewesen sein. Wissenschaftlich dokumentiert wurde die Chinesische Wollhandkrabbe hierzulande erst am 26. September 1912. Ein Fischer entdeckte das unbekannte Wesen in seiner Reuse.

Der weitgereiste Krabben-Exot traf auf einen Lebensraum, der sich von seiner ursprünglichen Heimat kaum unterschied. Aus dem Chinesischen Meer wurde die Nordsee, aus dem Jangtse die Elbe. Vermutlich kamen die Krabben als kleine Larven mit dem Ballastwasser der Schiffe und vermehrten sich nach ihrer Ankunft in Europa ungewöhnlich stark.

Albtraum der Fischer

Vom Mündungsgebiet der Elbe aus wanderten die Tiere den für sie fremden Fluss stromauf. Bald wimmelte und krabbelte es allerorten. Wurden sie anfangs bestaunt, mochte sie bald niemand mehr sehen. Nur die Kinder spielten gern mit diesen handlichen Krabbeltieren. Anfang der dreißiger Jahre wurden die Wollhandkrabben regelrecht zur Plage. Zwar ernähren sich die Allesfresser vor allem von toter Biomasse, doch wenn sie in Fischreusen gelangen, verschmähen sie keineswegs jene Fische, die nicht flüchten können. Am Ende der Mahlzeit durchlöchern sie noch mit ihren Scheren die Netze, um wieder in die Freiheit zu gelangen. So wurden die Krabben zum Albtraum der ganzen Fischerinnung. Die Einwanderer eroberten sehr erfolgreich den neuen, für sie offenbar recht geeigneten Lebensraum. Gegen Feinde war die gut gepanzerte Krabbe wenig anfällig, wie so oft in der Geschichte von eingeschleppten Tieren.

Wohin mit Millionen von Krabben?

Groß angelegte Bekämpfungsaktionen folgten. Von Hand aufgesammelt, karrten die Bauern ganze Fuhrwerksladungen voll zappelnder Krabben fort. Sie landeten zur Düngung auf den Feldern oder auf Hühnerhöfen und in Schweineställen zur Fütterung. 1936 wurden in ganz Norddeutschland von Hand über 20 Millionen junger Krabben gesammelt, um ihre Ausbreitung zu stoppen. Ein Erfolg dieser Massenaktion war kaum spürbar. Nichts schien gegen die Invasion zu helfen. Doch dann, in den dreißiger Jahren, kam der Zusammenbruch. Die Chemieindustrie leitete ihre giftigen Abwässer in wachsenden Mengen in die Elbe. Die Krabben traten den bedingungslosen Rückzug an. Die Einwanderer wurden wieder zu Auswanderern. Eine Freude für die Elbfischer war diese Entwicklung jedoch nicht. Denn auch die Fische verschwanden aus dem Fluss oder wurden ungenießbar.

Erst nach dem Zweiten Weltkrieg war die Elbe für die Krabben wieder einladend.

Nach zehnjähriger Abwesenheit standen die Wollhandkrabben erneut auf der Flussbühne und marschierten im wahrsten Sinne des Wortes

Kletterkünstlerinnen: Wollhandkrabben am Muldewehr in Dessau.

Der Wandertrieb führt die Krabben die Elbe hinauf. Der Aufstieg gegen die Strömung kann lange dauern. Von Hamburg bis Dresden, also rund 600 Kilometer, sind sie drei Jahre unterwegs. Die im Laufe dieser Wanderung wachsenden Tiere können mit einer Reisegeschwindigkeit von zehn Kilometern pro Tag beachtliche Strecken gegen den Strom zurücklegen. Erst zur Fortpflanzung geht's wieder zurück in die Flussmündung. Die Laichplätze liegen im salzhaltigen Wasser. Die Reise stromab dauert nur einige Monate.

Wollhandkrabbe in Sahnesoße?

Mit dem neuen Krabbenaufschwung beginnt auch wieder der Fluch der Fischer. Wenn sie ihre Reusen einholen, finden sie manchmal nur noch Kopf und Gräten der Aale und Hechte, daneben Dutzende wohlgenährter Wollhandkrabben.

Da die Panzertiere auch die Netze zerfressen, selbst die aus Kunststoff, kam die Reusenfischerei fast zum Erliegen. Andere Fischereimethoden, die den Krabben nicht die Zeit lassen, gefangene Fische in aller Ruhe zu verspeisen, gewinnen die Oberhand.

Das beste wäre wohl, wenn die Krabben in Europa, wie in Ostasien, als delikate Speise entdeckt würden, vielleicht als Krabbe in Sahnesoße? Dann gäbe es wieder einen regulierenden „Feind", den Feinschmecker. Einige Weißstörche machen es uns schon vor. Sie haben es auf ihre Weise gelernt, mit diesem neuen Angebot umzugehen. Sie packen mit ihrem langen Schnabel die Krabbe beim Panzer, schütteln diese solange, bis alle Krabbenbeine abgefallen sind. Dann werden die schnabelgerechten Einzelteile nacheinander verspeist.

Ausreise nach China

Inzwischen haben die ersten Krabben wieder die Reise in ihr Ursprungsland angetreten. Diesmal nicht als „blinde Passagiere", wie ihre Vorfahren, sondern behördlich genehmigt und mit dem Chinesischen Zollstempel versehen, treffen Ladungen dieser Tiere wieder im fernen Osten ein. Der Grund: Die Wollhandkrabbe ist an den chinesischen Flüssen selten geworden. Sie soll auf dem Wege des „Re-Imports" wieder angesiedelt werden. Als Ursachen für den Rückgang werden die industrielle Verschmutzung und die Überfischung angegeben. Ob es unter den bestehenden Umständen gelingt, dieser Art wieder auf ihre acht Beine zu helfen, ist fraglich. Doch der Appetit der Chinesen auf Wollhandkrabben ist ungebrochen.

wieder stromauf. Eine neue Plage drohte, und die Suche nach Gegenmitteln setzte sich fort. So glaubte man, die Staumauer bei Geesthacht als Bollwerk gegen die Tiere einsetzen zu können. Dies war ein Irrtum. Mauern sind für diese Tiere mit der ungebändigten Wanderlust kein Hindernis. Wenn es sein muss, umwandern sie eine Staumauer landseitig. Mit ihren acht Beinen sind sie gute Kletterer, so dass auch steile Hindernisse überwunden werden können.

Erst die erneute Wasserverschmutzung durch Industrie und Haushalte machte ab Mitte der fünfziger Jahre den Krabben in der Elbe wieder den Garaus. Diesmal dauerte die Verschmutzungsepisode fast vier Jahrzehnte. Solange war die Krabbe in der Stromelbe praktisch verschollen. Nur sehr selten, und dann an den weniger belasteten Flussabschnitten, wurde ein abgeworfener Panzer gefunden, das Ergebnis einer Häutung. Erst Anfang der neunziger Jahre, als nur noch die ältere Menschengeneration diese Tiere aus der eigenen Kindheit kannte, waren sie auf einmal wieder da.

Von Hamburg bis nach Dresden

Neuerdings nehmen die jungen Krabben auf ihren Wanderungen einen bequemeren Weg, um das Stauwehr Geesthacht zu überwinden: die Fischtreppe. Eigentlich für die Wanderfische gebaut, ist sie nun auch Wanderweg für die gelegentlichen Fischfresser.

Auf Krabbenfang? Sandbänke laden ein, den Fluss zu erforschen.

„Wassergrundstück" – das ehemalige Fährhaus-Gallin ist bei Hochwasser nicht erreichbar.

Wo Überflutung keine Katastrophe ist
Natürliche Auen helfen, Hochwasserschäden zu vermeiden

Wenn die Flut über die Aue kommt, ist alles anders: Landbewohner unter den Tieren suchen rettende Ufer, Wasservögel werden wie magisch angezogen. Nur die Bäume harren aus, dort, wo sie verwurzelt sind. Irgendwann, nach Tagen oder Wochen, fließt das Wasser wieder ab und die Aue, sie lebt! Ja, für die Natur ist Hochwasser ein wahrer Segen und keine Katastrophe. Pflanzen und Tiere der Aue haben sich diesem Rhythmus, diesem Auf und Ab hervorragend angepasst.

Noch immer ist der Himmel schwarz verhangen. Tagelang hat es in Strömen geregnet, alles trieft vor Nässe. Die Elbe ist randvoll, sie läuft über. Sie verlässt ihr Bett, scheint übermütig zu werden. Ihr Wasser erkundet die Landschaft, fließt durch die Aue. Rinnen und Senken füllen sich mehr und mehr. Was vor Tagen noch eine Wiese war, verwandelt sich zu einem großen See mit vielen Inseln. Wasservögel kommen, wer weiß woher, in Scharen und nehmen Besitz von diesem neuen Lebensraum. „Meine" Biber, deren Wohnungen nun unter Wasser stehen, suchen rettende Hügel und richten sich provisorisch ein. Auch die Mäuse verlassen ihre Löcher und schwimmen auf höhergelegenes Land. Schnecken erklettern Baumstämme und harren, das Haus auf dem Rücken, in versammelter Gemeinschaft der Dinge, die da kommen.
Der Auenwald wird im wahrsten Sinne des Wortes zum Wasserwald. Das fließende Hochwasser tut den Bäumen gut. Die ganze Aue trinkt, sie tankt auf, Vorrat für trockene Zeiten. Die werden kommen, ganz bestimmt.

Die andere Seite der Flut

Gäbe es die Auen nicht – die Natur hätte sie regelrecht erfinden müssen, um das zeitweilige Zuviel an Wasser aufnehmen zu können.
Hochwasser, wir kennen es alle, hat aber auch andere Seiten, weniger friedvoll, weniger beschaulich. Da geht es um Hab und Gut, und nicht selten kommt die Angst dazu, die Angst um Leib und Leben.
Hochwasser, Angst und Schrecken liegen immer dann dicht beieinander, wenn der Mensch direkt davon betroffen ist. Hochwasserkatastrophen sind so alt wie die Menschheit selbst.

Berichtet wird über eine der größten Überschwemmungen im Elberaum aus dem Jahre 1771, drei Tage vor Ostern, wie folgt: „Die ganze Gegend von der Elbe bis an das Lüneburgische wurde überschwemmt, die Wintersaaten wurden vernichtet und entsetzliche Schäden angerichtet. ... Die Leute buken aus Eicheln Brot und nährten sich von Fischen. Von den Überschwemmungen wurden 2 Städte, 40 Dörfer und 34 Höfe in der Wische betroffen."
Ein weiteres extremes Hochwasser am gesamten Elbverlauf trat nach einem strengen und lang anhaltenden Winter 1845 ein. Die inzwischen errichteten Deiche wurden auf eine sehr harte Probe gestellt. „Trotzdem Tag und Nacht am Dichten und Erhöhen der Deiche gearbeitet wurde", brachen nach Angaben der Königlichen Elbstromverwaltung die Deiche an mehr als 100 Stellen. Unmengen von Wasser waren damals unterwegs. Bei diesem Hochwasser floss fünfzig mal mehr Wasser die Elbe hinab wie beim niedrigsten Niedrigwasser
Immer war der Mensch bestrebt, die Hochwassergefahren abzuwehren. Überall wurden Schutzdeiche gebaut, oft zu nah am Fluss. Überall wollte man das Wasser möglichst schnell loswerden. Spät, sehr spät erkannte man, dass diese Methode die falsche war.
Vor allem an Flüssen, wo der Mensch sich zu weit in die Auen vorgewagt hat, Häuser und Straßen respektlos in einstige Überflutungsräume hineinbaute, häufen sich heute die Katastrophen, nehmen die Schäden zu.

Warnendes Beispiel Rhein

Bis ins 19. Jahrhundert war der Rhein ein weitgehend unberührter Wildstrom. Das änderte sich mit dem Ingenieur und Oberstleutnant Johann Gottfried Tulla. Zwischen 1817 und 1880 ließ er den Oberrhein begradigen. Die zahlreichen Seitenarme wurden abgeschnitten, weite Flussschlingen durchstochen. Die Fließstrecke verkürzte sich dadurch zwischen Basel und Mainz um 100 Kilometer. So wurde eine ganzjährige Schifffahrt bis Basel möglich.
Ein Sieg über die Natur, so glaubte man lange Zeit. Auch die Anwohner gewannen hinzu. Aus den Rheinsümpfen wurden fruchtbare Äcker und Wiesen, die Menschen fühlten sich vor Hochwasser geschützt.

Das Jahrhunderthochwasser 1997 an der Oder bei Frankfurt/O. Die obere und mittlere Oder wurde schon in den dreißiger Jahren kanalisiert.

Doch dem Rhein gingen dadurch große Überflutungsflächen verloren. Das Hochwasser konnte sich nicht mehr in den trockengelegten Auen verlaufen, sich nicht beliebig ausbreiten.

Der nächste, weit schwerwiegendere Einschnitt am Rhein kam mit dem Bau der Staustufen. Zwischen 1928 und 1977 wurden zehn mächtige Staumauern in den Oberrhein gebaut. Die Rheinaue schrumpfte in ihrer Breite von drei und mehr Kilometern auf wenige hundert Meter. Durch diese Kanalisierung verschwanden rund 130 Quadratkilometer zuvor noch überfluteter Auenflächen. Verschärfend kam hinzu, dass auch alle großen Nebenflüsse, der Neckar, die Mosel und die Saar in ähnlicher Weise kanalisiert wurden. Als direkte Folge des Staustufenbaus ist die Hochwassergefahr unterhalb der kanalisierten Strecke erheblich angewachsen. So treten in Karlsruhe seit Fertigstellung der Staustufenkette inzwischen fast jedes Jahr Hochwasser von acht Metern und darüber auf – früher eine Seltenheit, die vielleicht einmal im Menschenleben eintrat. Auch das Bild der von einem Netz aus „Wasserstraßen" durchzogenen Kölner Altstadt ist keineswegs mehr ein Jahrhundertereignis. Es ist eine traurige Realität geworden, an die sich die Kölner beinahe schon gewöhnt haben.

Elbauen – noch naturnah

Die Entwicklung an der Elbe verlief anders. Begradigungen wurden nur bis 1935 vorgenommen. Ein Bau von Staustufen fand auf deutschem Gebiet – abgesehen von dem Einzelfall bei Geesthacht – erst gar nicht statt. Die vorhandenen Auen sind noch recht naturnah, wenig bebaut und besiedelt. Hochwasser kann hier weniger Schaden anrichten.

Doch hat auch die Elbe den größten Teil ihrer Überflutungsfläche schon in früheren Jahrhunderten eingebüßt. Warum? Gerade die Elbauen boten sich schon sehr früh für eine Nutzung als Wiesen und Weiden an. Nach dem Ablauf des Frühjahrshochwassers konnten die Bauern schon an die Heuernte denken. Heu aus den Elbauen galt als besonders gut und wertvoll. So wurden große Flächen durch Deichbau von Hochwasser freigehalten.

An allen mitteleuropäischen Flüssen werden heute über 80 Prozent der einstigen Auen nicht mehr überflutet. Auch die Elbe macht da keine Ausnahme.

Dennoch gibt es an der Elbe besondere Chancen, die ehemaligen Auen wieder als natürliche Auffangräume für Hochwasser zu nutzen. Große Teile dieser Altauen sind nicht überbaut. In den einstigen Überschwemmungsbereichen liegen vergleichsweise wenig Straßen, Siedlungen oder Industrieanlagen – gute Möglichkeiten für eine Rückgewinnung naturnaher Überflutungsauen.

Die Elbe kann sich bei Hochwasser auf mehrere Kilometer Breite ausdehnen, hier zwischen den Landkreisen Stendal und Jerichower Land.

Hochwasser vor Tangermünde. Die historische Altstadt liegt sicher auf einer Anhöhe.

Den Flüssen mehr Raum geben

Der Umgang mit Flüssen war in der Vergangenheit von Irrtümern geprägt, die bis heute noch fortwirken.

Der Mensch wollte das Gute und tat das Schlechte. Jede Begradigung erhöht die Fließgeschwindigkeit des Wassers. Es sollte möglichst schnell abfließen, zum Schutz vor Hochwasserschäden. Doch für die stromabwärts gelegenen Ansiedlungen trat das Gegenteil ein: Ihr Hochwasserrisiko stieg. Wenn dazu noch die Nebenflüsse bis hin zu den kleinsten Bächen begradigt sind, wie es in Deutschland die Regel ist, entstehen weiter stromab Hochwasserspitzen, die es normalerweise nicht gegeben hätte. Von allen Seiten und in sehr kurzer Zeit können die Flüsse von so großen Wassermassen erreicht werden, die ihr Fassungsvermögen bei weitem übersteigen. Da diesen Flüssen auch noch weitgehend die Überschwemmungsflächen geraubt wurden, kann das Wasser nicht mehr in die Breite fließen, sondern nur noch in die Höhe steigen. Selbst hohe Deiche, ausgelegt für seltene Jahrhunderthochwasser, können so überfordert sein. Die Wassermassen überraschen deshalb immer öfter die Menschen in ihren Häusern. Die Wahrscheinlichkeit für Katastrophen ist gewachsen.

Die Deiche müssten erhöht und verstärkt werden, hört man immer wieder. Doch das wäre der falsche Schluss. Es geht vielmehr darum, die Fehler, die in der Vergangenheit gemacht wurden, zu korrigieren. Nicht das Wasser rasch fortzuleiten, sondern das Wasser lange in der Fläche zu halten, nicht möglichst hohe, sondern möglichst wenig Dämme zu bauen, wäre ein guter Ausweg. Dieser Weg aber erfordert ein gründliches Umdenken, vielleicht sogar einen Generationswechsel.

Mehr Überflutungsauen

An der Elbe wie auch an anderen Flüssen wird damit begonnen, dem Fluss ehemalige Überflutungsflächen, die Altauen, wieder zurückzugeben. Das Hochwasser soll künftig wieder mehr in die Breite fließen können. Das ist überall dort möglich, wo die Altauen nicht vom Menschen besiedelt sind, sondern Wälder und Wiesen das Bild prägen. Damit sie das Wasser nicht mehr abwehren, werden die alten Deiche in bestimmten Abschnitten geschlitzt. Neue Deiche entstehen, wenn überhaupt, erst in größerer Entfernung vom Fluss. Bekommen die Flüsse wieder mehr Raum für die Flut, werden die Hochwasserspitzen abgeflacht. Für die Natur bedeutet dies einen Gewinn an Lebensraum, für die Menschen einen Gewinn an Sicherheit. Oder anders gesagt: Wenn wir die Auen schützen und erweitern, schützen wir die Menschen und die Natur. Ein gutes Zusammenspiel.

Hochwasserschutz im Wandel:
Vor über 100 Jahren wurde der Deich mitten durch den Auenwald bei Lödderitz gebaut. Inzwischen wird die Rückverlegung des Deiches vorbereitet, damit künftig die gesamte Waldfläche wieder als Überschwemmungsraum genutzt werden kann.

Der größte, noch erhaltene Auenwald Mitteleuropas aus der Luft betrachtet (Ausschnitt).

Wasser, Wald und Wildnis
Die größten Auenwälder Mitteleuropas

Über 8 000 Hektar Auenwald – nirgendwo in Deutschland und Mitteleuropa ist er in dieser Größe anzutreffen wie an der Mittleren Elbe. Alte Eichen, Ulmen und Eschen, Silberweiden und Schwarzpappeln, dazu Sträucher und Wildstauden, mal überflutet, mal trocken, mal Schlamm, mal Laub, mal Staub. Ein scheinbar undurchdringlicher Urwald – wo gibt es solche Naturräume noch in unserem Land?

Auenwald Anfang Mai. Ein vielstimmiges, ja hundertstimmiges Konzert von allen Seiten, Höhen und Tiefen trifft auf mein Ohr. Es lockt hinein in die Kathedrale aus Bäumen und Sträuchern. Gerade noch durchsichtig ist das Gewirr aus Stämmen, Ästen, Zweigen, aufbrechenden Knospen und ersten grünen Blättern. Noch trifft das Licht bis auf den Boden und zaubert einen Teppich aus gelben, weißen und rosafarbenen Blüten. Auf den Emporen, Seitenschiffen, selbst auf den hintersten Bänken sitzen, hüpfen, flattern kleine und große Sänger, gekleidet in ihre besten farbenfrohen Gewänder. Niemand scheint zu dirigieren. Jeder singt für sich, jeder will zu diesem Fest gehört und gesehen werden. Und dennoch: Dieses Durcheinander ist harmonisch, ist aufeinander abgestimmt. Für alle, die sehen, die hören können, ist es jetzt Gewissheit: Der Frühling ist eröffnet.

Auenwald – märchenhaft und selten

Der Auenwald mit seinen Stimmen, Farben und Düften, mit seinen knorrigen, alten Bäumen und jungem Gestrüpp, mit seinen Tieren und Blumen erinnert uns an jenen Wald, den wir aus den Märchenbüchern unserer fernen Kindheit kennen. Es war einmal ...

Vormals in Wald eingebettet, sind die Flüsse unserer Tage nackt, ihres grünen Kleides beraubt. Große Auenwälder kommen an deutschen Flüssen kaum mehr vor. Reste finden sich noch am Rhein bei Rastatt und an der Donau, dort vor allem an der Mündung der Isar. Der größte Auenwald Mitteleuropas blieb jedoch an der Mittleren Elbe, zwischen Mulde- und Saalemündung, auf einer Fläche von über 8 000 Hektar erhalten. Dies ist ein Glücksfall der Geschichte und es war auch der Hauptgrund für die Anerkennung des Gebietes als UNESCO-Biosphärenreservat „Mittlere Elbe" schon im Jahre 1979, in einer Zeit, als in den alten Bundesländern Großschutzgebiete dieser Kategorie noch unbekannt waren.

Zwischen den Städten Coswig/Anhalt und Barby südlich von Magdeburg finden wir auf gut 50 Kilometern Flusslänge drei Viertel des gesamten an der Elbe noch vorhandenen Auenwaldes. Bedenkt man, dass wenige Kilometer entfernt um 1910 das industrielle Herz Mitteldeutschlands schlug – sogar die Stromversorgung Berlins hatte hier ihren Ursprung –, ist es umso erstaunlicher, dass gerade an dieser Stelle ein solches Kleinod wie der Auenwald überdauern konnte.

Die Rodungen – der Auenwald kam zuletzt unter die Axt

Wald und Wasser, Schlamm-, Sand- und Kiesbänke hat die Natur in den Flussauen vorgesehen. Auch zu beiden Seiten des Elbstromes breitete sich einst diese amphibische Wildnis aus, eine enge Verzahnung vieler Feuchtlebensräume. Diese Flusstäler galten schon immer als besonders unwegsam. Ein dichter Wald, durchzogen von Flussarmen, war für die Menschen kein idealer Lebensraum. Auenwald heißt soviel wie Wasserwald. Respektvoll hielt der Mensch Abstand, nicht nur wegen der milliardenfachen Schutztruppe aus Mücken und Bremsen. Flüsse, so hat er erfahren, können gewaltige Kräfte im wahrsten Sinne des Wortes entfalten. Nur die höhergelegenen, meist sandigen Terrassen boten Schutz vor den immer wiederkehrenden Hochwasserwellen.

Das Häuserbauen und das Anlegen von Siedlungen war nur am Rande der Auen von dauerhaftem Erfolg gekrönt. Das haben die Menschen schon in früheren Jahrtausenden erfahren müssen.

Erst mit dem Beginn der deutschen Ostkolonisation im 10. Jahrhundert griff der Mensch stärker in die Elbaue ein. Wachsender Bevölkerungsdruck führte, wie so oft in der Menschheitsgeschichte, zur Rodung von Wäldern, ja, zur Vernichtung ganzer Naturlandschaften.

Im 10. und 12. Jahrhundert setzten die Auenwaldnutzungen unter König Heinrich dem I. und Herzog Albrecht dem Bären verstärkt ein. Doch die Elbauen waren nicht unbewohnt, so dass es auch zu einer regelrechten Völkervertreibung kam. Gerade Albrecht der Bär hat die ursprünglich in den Sümpfen der Elbe lebenden Wenden, die zu den slawischen Völkern zählen, rücksichtslos vertrieben und abgeschlachtet.

Scheinbare Idylle vor über 200 Jahren: Der Wald war damals an vielen Orten geplündert, übernutzt und überaltert.

Überall wurde das einstige Waldland mehr und mehr aufgelichtet. Von den oberen entwaldeten Hanglagen schwemmte die Feinerde talwärts. Die Lehmpartikel lagerten sich weiter unterhalb in den breiten Talauen ab und bildeten eine meterdicke Lehmdecke über Kies aus. Auf diesen schweren, aber fruchtbaren Lehmböden wuchsen dann die typischen Hartholzbäume wie Eichen, Ulmen und Eschen heran.

Der nächste Einschnitt in die Auen kam mit der Einwanderung der Niederländer, die sich auf die Wasserbaukunst verstanden. Die Siedler legten die ersten Schutzdeiche an und dehnten den Siedlungsbau und die Weide- und Ackernutzung in den Auen aus – auf Kosten des Auenwaldes. Die Wirtschaft blühte – doch wie so oft auf Kosten der Natur. Doch diese rächte sich. Im 14. und 15. Jahrhundert setzten 17 urkundlich belegte Hochwasserkatastrophen, verbunden mit Kriegen und Seuchen, dem wirtschaftlichen Aufschwung ein Ende. So konnten sich die Auenwälder wieder ausbreiten. Erst nach dem Dreißigjährigen Krieg kam es zu einer neuen Rodungswelle. Weitere und höhere Deichbauten trieben die Besiedlung der Flussauen voran. Die Bevölkerung wuchs, mehr

Nahrung wurde gebraucht. Viehherden aus Schweinen, Ziegen, Schafen und Rindern wurden in die Auenwälder getrieben und fraßen sie von unten her kahl. Wiesen und Äcker waren gefragt. Sie dehnten sich auf Kosten des Waldes aus.

Auch das Holz der Aue war begehrt. Das starke brauchte man für den Bau von Häusern, das Kleinholz diente als Brennmaterial, damals der wichtigste Energieträger. In großen Mengen wurde es auch in Salzsiedereien, so im Raum Lüneburg, verheizt. Durch die vielen Nutzungen lichteten sich die Auenwälder stark auf. Vielerorts verschwanden sie ganz und gar. Bei Lenzen im Nordwesten Brandenburgs wurde der letzte Rest Eichenwald 1871 verkauft.

Über Jahrhunderte ging das so: Immer wenn die Stadtkasse leer war, wurde ein Stück Eichenwald geschlagen und verhökert. Vor allem Schiffsbauholz war gefragt. Es gelangte von der Elbe bis nach Holland und Portugal. So ähnlich verlief es überall. Nur in dem kleinen Fürstentum Anhalt und im angrenzenden preußischen Revier blieb dem Auenwald dieses Schicksal erspart.

Wo Wasser durch die Wälder strömt

Der Auenwald wird mehr oder weniger regelmäßig überflutet. Meist einmal im Jahr, seltener zwei- oder gar dreimal verwandelt sich die Aue in eine Wasserlandschaft. Häufiger als am Rhein fällt in manchen Jahren das Elbhochwasser ganz aus. Auch das verträgt der Auenwald.

Alles Leben ist auf den Wechsel von Hochwasser und Niedrigwasser eingestellt. Der Auenwald braucht das strömende Wasser ebenso wie die Austrocknung und Belüftung des Auenbodens. Dieses Auf und Ab ist das Leben, der Atem der Aue. Tödlich für den Auenwald wäre sowohl ständiges Hochwasser als auch fortdauerndes Niedrigwasser.

Im Verlaufe von Jahrmillionen haben es Pflanzen und Tiere der Aue gelernt, mit diesem Wechsel nicht nur fertig zu werden, sondern davon auch zu profitieren.

Die flussnahe Weichholzaue erträgt es ein halbes Jahr lang, im Wasser zu stehen, die Hartholzaue höchstens zwei Monate. Nadelbäume wachsen nicht im Auenwald. Sie würden die Überflutung nicht verkraften.

Im strömenden Wasser liegen die nährenden wie die störenden Kräfte. Einerseits bringt es Nährstoffe mit, andererseits trägt es aber auch Erde ab, unterspült Bäume oder reißt sie um, wenn sie ihm nicht standhalten können. Die Lücke, die ein solcher Sturzbaum hinterlässt, schafft Licht für neues Wachsen und Werden.

Der Baum der Zauberinnen

Nähern wir uns vom Lande her einem Auenwald, fallen zuerst die mächtigen Eichen auf. Alte Stieleichen, älter als jedes Menschenleben, wurzeln an der Mittleren Elbe in unüberschaubarer Zahl. Dazwischen wachsen Ulmen und Eschen. Im Winterhalbjahr fallen in den Kronen mancher Bäume kugelförmige Misteln auf. Sie galten den Druiden als alles heilende, weil immergrüne Pflanzen, die mit goldenen Sicheln geschnitten wurden.

Unter den großen Bäumen steht der Nachwuchs in der zweiten Reihe für lichtere Zeiten bereit. Wie die Lianen im tropischen Regenwald um-

Saumartig begleitet die Weichholzaue die Mittlere Elbe. Die Weiden haben sich an Strömung und Wasserschwankungen bestens angepasst.

spinnen Hopfen und Waldrebe manch ein Gehölz. Wo unter den Schirmen der Bäume noch genügend Licht einfällt, haben auch die Sträucher ihren Platz. Rot schimmert der Hartriegel. Kurios erscheint das Pfaffenhütchen, vor allem im Herbst, wenn es seine leuchtend roten Früchte trägt, die in ihrer Form an den Hut eines Geistlichen erinnern. Näher am Wasser gedeiht die Weichholzaue. Sie besteht vor allem aus Weiden. 14 verschiedene Sippen wurden an der Elbe nachgewiesen. Die häufigste ist die Fahlweide, die schönste jedoch die Silberweide mit ihrem silbrig schimmernden Glanz. Die Stämme der Weidenbäume sind eher kurz, vor allem aber krumm. In jungen Jahren können sich Strauchweiden im Wechselspiel mit den Wasserkräften gut behaupten. Im Alter brechen sie manchmal auseinander und treiben dann im Liegen von Neuem aus. Wegen seiner erstaunlichen Biegsamkeit ist junges Weidenholz zum Flechten von Körben gut geeignet.

Die Weide wurde in der Mythologie der weiblichen, nächtlichen, dunklen und geheimnisvollen Seite der Natur zugeordnet. Sie diente aber auch zu kultischen Handlungen, da sie angeblich die Mondkraft beherbergt. Weide war das Holz der Zauberinnen, und auch die Hexenruten waren meist von diesem Baum.

Wo die Spechte nach den Käfern klopfen

Auenwald ist unwegsam. Vorhandene Wege können, werden sie nicht mehr benutzt, innerhalb eines Jahres wieder zuwachsen. Ein zwar fruchtbarer, aber undurchdringlicher Lebensraum, könnte man meinen. Undurchdringlich? Das gilt nur für den Menschen. Nicht für Hunderte von Vogelarten, für Tausende von Insektenarten.

Mehr als 10 000 Insektenarten werden in der Flusslandschaft Elbe vermutet. Da gibt es für die Insektenforscher viel zu tun.

Allein 700 verschiedene Falter konnten bisher hier nachgewiesen werden – die meisten sind unscheinbare Nachtschmetterlinge. Vom Überfluss an Raupen, Käfern, Fliegen und Mücken leben die meisten Vögel. In keinem anderen mitteleuropäischen Lebensraum brüten Vögel in so großer Dichte wie in naturnahen Auenwäldern. Über 150 Arten bauen an der Mittleren Elbe ihre Nester, die meisten davon finden gerade im Auenwald einen guten Bauplatz. Stellvertretend seien die Spechte genannt: Kleinspecht, Mittelspecht, Buntspecht, Schwarzspecht, Grünspecht und Grauspecht zimmern bevorzugt in den alten Bäumen ihre Wohnungen. Gerade auch im Altholz und im Totholz finden die Spechte ihre bevorzugte Nahrung, es sind Käferlarven, Ameisen und anderes Kleingetier.

An lichten und höhergelegenen Stellen des Auenwaldes blüht im Mai das Schaumkraut.

Der Schwarzspecht auf Nahrungssuche. Um seine Bruthöhlen zimmern zu können, ist er auf alte und starke Bäume angewiesen.

Chancen für neue Auenwälder

Auenwälder, so die Einschätzung des Bundesamtes für Naturschutz, sind von vollständiger Vernichtung bedroht. Sie gehören zu den bedrohtesten Lebensräumen Europas überhaupt. Auch an der Elbe ist die Zukunft der Auenwälder ungewiss.

Warum? Der Fluss tieft sich ein. Bis zu zwei Meter hat er sich schon seit Beginn der Wasserbaumaßnahmen vor über 100 Jahren in sein lockeres Sandbett eingegraben. Die Elbe reagiert besonders empfindlich gegenüber Einengungen und Uferbefestigungen. Je weniger Sand der Fluss von seinen Ufern abtragen kann, desto mehr trägt er den Sand von der Flusssohle fort. Der Flusswasserspiegel fällt nach und nach, die Grundwasserstände in der Umgebung ebenso. Die Aue wird dadurch immer trockener. Alte Eichen, deren Wurzelwachstum abgeschlossen ist, können den fallenden Wasserständen nicht mehr folgen. Ihre Wasserversorgung verschlechtert sich, sie werden anfälliger, sterben früher ab. Um die typische Auenlandschaft zu retten, muss die Eintiefung des Flusses naturverträglich gestoppt werden.

Auch die Weichholzaue, ohnehin nur als schmaler Uferstreifen vorkommend, ist sichtbar bedroht. Noch gibt es viele alte Silberweiden, doch entlang großer Flussabschnitte ist kaum einmal ein junges Bäumchen zu sehen.

Weshalb gibt es so wenig Nachwuchs? Durch die Einengung und Eintiefung des Flussbettes wird der Platz für den Weidenwald immer knapper. Würde gar zur Abwehr der Eintiefung der Bau von Staustufen folgen, wie in den alten Bundesländern geschehen, wäre der Weidenwald gänzlich zum Untergang verurteilt.

Die Auenwälder benötigen Hilfe. Am besten vermehren sich Silberweiden auf einem sich ständig verändernden Untergrund. Deshalb braucht die Elbe wieder mehr unbefestigte und ungenutzte, auch unbeweidete Ufer. Entsiegelungen statt weitere Schotterungen sind erforderlich. Dann kommen die Bäume mit dem Silberschmuck wieder ganz von selbst. Doch auch Nachhelfen sollte erlaubt sein. Vor allem baumarmen Ufern stünden Galeriewälder gut zu Gesicht.

Auenwälder, die phantastischen Zeugen einer urwüchsigen Natur, können nicht nur abgeholzt werden. Man kann sie auch pflanzen und pfle-

Auenwald – ein Wachsen, Werden und Vergehen.

gen, überall dort, wo sie nicht mehr vorhanden sind. An einigen Orten, so in Klieken (Sachsen-Anhalt) und Rühstädt (Brandenburg), wird bereits damit begonnen, neue Auenwälder zu begründen.

Eine etwa 500 Jahre alte Blitz-Eiche inmitten des Auenwaldes, Zeuge aus der Zeit von Christoph Kolumbus ...

Auenwald heißt Wasserwald. Die Eichen der Hartholzaue spiegeln sich hier im Wasser.

Eichenwiese bei Breitenhagen. Die Schafe kennen die besten Plätze.

Einsame Zeugen der Zeit
Die lange Tradition der Eichenwiesen

Leben einzeln und fre. wie ein Baum und brüderlich wie ein Wald ist unsere Sehnsucht.
(Nazim Hikmet)

Sie sind die Solistinnen unter den Bäumen, die freistehenden Eichen der Elbauen. Sie breiten ihre Arme nach allen Himmelsrichtungen aus, als wollten sie zeigen, wie groß und schön ihre Welt ist. Die Solitäreichen verleihen dieser Landschaft Anmut und Würde. Nirgendwo in Mitteleuropa sind noch so viele alte Eichen anzutreffen wie an der Elbe. Allein zwischen Wittenberg und Magdeburg sind es noch über 25 000 Exemplare, ein Baum schöner als der andere.

Wenn der erste, stärkere Nachtfrost über die Elbe fällt, dann bekommen die Bäume ihr Silberkleid. Hauteng und maßgeschneidert glitzert der Reif und betont jeden noch so schlanken Zweig. Die Stunden dieser Pracht sind gezählt. Ich eile hinaus zu „meinen" Bäumen, will bei ihnen sein, wenn ihre Hüllen fallen. Unter den Strahlen der Sonne zerschmilzt das Silber. Die letzten Blätter, braun und gelb, lösen sich vom Mutterbaum und tanzen zurück zur Erde. Der Kreislauf wird geschlossen. Was bleibt ist die Nacktheit: unscheinbare, schlafende Knospen, die Hoffnungsträgerinnen für einen neuen Aufbruch.

Eichen erzählen Geschichte

Nicht Wald und nicht Wiese, aber Wiese mit Wald oder Wald mit Wiese – so könnte man die in Jahrhunderten gewachsene Kulturlandschaft der Elbauen umschreiben. Der Charakterbaum, die Stieleiche, überragt alles, in Alter wie in Größe.
Wo die Auenwälder nach und nach verschwanden, blieben einzelne Eichen zurück. Durch den Freiraum wuchsen sie weniger in die Höhe als vielmehr in die Breite. Mit ihren weitausladenden starken Ästen üben sie eine besondere Anziehungskraft auf das Auge aus. Eichen sind schön. Sie haben eine uralte Symbolkraft und stehen für Verwurzelung und Beständigkeit, für Kraft, Geborgenheit und Freude.
Eichen werden sehr alt und können viele Menschengenerationen überleben.

Die ältesten Stieleichen an der Elbe stammen aus den Zeiten von Christoph Kolumbus und sind über 500 Jahre alt. Während der Entdecker Amerikas aber schon lange tot ist, sind jene Eichen noch grün. Viel hätten sie zu erzählen, von Kriegen und harten Wintern, aber auch vom friedlichen Leben unter ihrem schützenden Blätterdach.

Mensch und Eiche

Einzeln stehende Eichen hatten fast immer eine besondere Bedeutung. Sie waren Rastplatz und Treffpunkt, dienten zur Orientierung bei langen Reisen zu Fuß oder zu Pferde. Oft waren sie auch Grenzpunkt im Landschaftsraum. Ecke und Eche/Eicke sollen sprachlich verwandt sein. Als „Hutebaum" spendeten sie Schatten für den Hütejungen und seine Herde. Nicht selten gab der Mensch diesen Eichen auch einen Namen.
Eichen sind erfahrungsgemäß blitzgefährdet: „Eichen sollst Du weichen", verrät der Volksmund. Gerade alleinstehende, herausragende Eichen bieten sich als Blitzableiter an.

Eichen werden im Alter immer schöner.

Freistehende Eichen auf einer Insel im Kühnauer See bei Dessau, einem großen Altarm der Elbe.

Leuchtend gelb blüht das Leinkraut auf den von Bäumen durchsetzten Auenwiesen.

Eichenholz war schon immer sehr begehrt. Es ist sehr hart und hält eine kleine Ewigkeit. Bevorzugt diente es zum Bau von Schiffen, von Wasserrädern und Fässern.

Das Eichenrindenbad wurde vor allem bei Hautleiden verordnet. Den Gerbstoffen schrieb man heilende Wirkung zu.

Die Früchte der Eiche, die Eicheln, wurden geröstet und als Kaffee-Ersatz verwendet. In der größten Not hat man sie dem Brotteig beigemischt.

Für Haustiere allerdings, vor allem für die Schweine, waren Eicheln Jahrhunderte lang, neben Wildäpfeln und Wildbirnen, begehrtes Alltagsfutter. Wenn es viele Eicheln gab, war es ein gutes Jahr, die Menschen sprachen von einem Mastjahr. Bis zu fünf Tonnen Eicheln wuchsen auf der Fläche eines Hektars. Die Eichelmast ließ die Schweine fett werden. Das freute die Menschen, denn Speck war damals ein sehr wichtiges, weil energiereiches und haltbares Nahrungsmittel.

Doch in der 2. Hälfte des 18. Jahrhunderts wurde alles anders. Kaum ein Schwein scheuerte sich mehr an den Eichen, die Tiere blieben fortan im Stall. Die Waldweide wurde abgeschafft. Der Wald, soweit überhaupt noch vorhanden, erholte sich, junge Bäume konnten nachwachsen. Gefragt waren Ackerland und Wiesen. Der Anbau von Kartoffeln und von Klee dehnte sich aus. Die Eichen wurden aus Sicht der Landwirtschaft überflüssig, ja, sogar höchst unbeliebt, denn sie schränkten, wie man damals sagte, den „Wiesenwachs" ein. Wo eine Eiche stand, wuchs zwar Holz, aber weniger Gras für Kühe und Schafe. Die Bauern zogen deshalb gegen die Eichen zu Felde. Sie fällten oder brandschatzten die einst so begehrten Bäume. Die Eichenwiesen, das Sinnbild einer traditionellen Kulturlandschaft, waren bedroht.

Eichenfürsten

Fürst Leopold I., als der „Alte Dessauer" bekannt geworden, hatte frühzeitig an den Hochwasserwällen Eichen pflanzen lassen. Sie sollten die Kraft der Fluten und des Treibeises dämpfen und vor Deichbrüchen schützen. Den ästhetischen Wert freistehender Eichen erkannte einige Jahrzehnte später Fürst Leopold III. Friedrich Franz von Anhalt-Dessau. Zusammen mit seinen Beratern schuf er das Dessau-Wörlitzer Gartenreich nach dem Vorbild englischer Landschaftsgärten. Noch heute gilt diese einzigartige gestaltete Auenlandschaft als mustergültiges Beispiel, bei dem „das Schöne mit dem Nützlichen" harmonisch verbunden werden konnte. Der Einsatz zum Schutz der Eichen musste damals groß gewesen sein, denn die wirtschaftlichen Zwänge richteten sich gegen den symbolträchtigen Baum. Mit strengen Gesetzen sollte in Anhalt jede Art von Baumfrevel geahndet werden. Der Herzog Leopold Friedrich setzte sogar sein Militär ein, um die Eichen vor den Bauern zu schützen.

Wildbirne im Herbst.

Da auch das nicht ausreichte, wurde 1851 ein Gesetz mit dem lustigen Namen „Eichenregal" verfügt. Das Haus des Herzogs hatte damit das uneingeschränkte Recht auf Nutzung und Nachpflanzung an Eichen auf allen Flächen im Lande.

Der Eichenverlust wurde damit zwar gebremst, aber er konnte nicht gestoppt werden. 1871, als das Gesetz mit der Gründung des Deutschen Reichs aufgehoben wurde, hatte sich der Eichenbestand bereits um 80% verringert. Der Herzog vermochte nur noch auf seinen privaten Ländereien im großen Stil Solitäreichen zu pflanzen. Das schien, wenn auch erst viel später, Schule zu machen. Um 1900 wurden viele Eichen auf den Wiesen nachgepflanzt und Alleen begründet. Die Eichenwiesen blieben dadurch als typische Kulturlandschaft im Dessau-Wörlitzer Gartenreich erhalten. Ein Vermächtnis, an dem wir uns heute noch erfreuen können.

Blühende Wildbirne im Frühling. Ihre Früchte waren früher bei Mensch und Tier begehrt.

Untermieter in einem Höhlenbaum. Ein junger Waldkauz schaut sich aus sicherer Position die große, weite Welt an.

Abgestorbene Alteiche zwischen Mulde und Elbe bei Dessau. Gerade alte und eigentlich tote Bäume sind voller Leben.

Bohrlöcher des Großen Eichenbocks im Stamm der alten Eiche. Durch die halbmondförmigen Öffnungen verlässt die Käferlarve die Heimat ihrer Jugend.

Der Große Eichenbock – der König unter den Bockkäfern mit einer Gesamtlänge von 15 Zentimetern.

Ein Hirschkäfermännchen. Es fliegt nur einen Sommer lang – bis zur Hochzeit.

Herberge „Zur Alteiche"

Keine Baumart ist so vielseitig bewohnt wie die Eiche. 3 000 Insektenarten wurden an der Eiche in Mitteleuropa gefunden. Sie leben von den Knospen, den Blättern, vom Baumsaft oder vom Holz. Die Bewohner der Eiche tragen zum Beispiel so schöne Namen wie Eichenzipfelfalter, Grüne Eicheneule, Eichenglucke oder Eichenspinner. Es sind Falterarten, die alle mehr oder weniger in ihrer Existenz bedroht sind und deshalb einen Platz in der Roten Liste haben.
Die bemerkenswertesten Bewohner der Alteichen sind jedoch die Käfer. Vor allem abgestorbene oder absterbende Eichen sind ein wahres Paradies für die größten mitteleuropäischen Käfer. Der Eichenbock mit seinen extrem langen Fühlern gehört ebenso dazu wie der Heldbock, der Mulmbock und der acht Zentimeter große Hirschkäfer. Sie alle verbringen ihre Jugend, ihre schönsten Jahre sozusagen, in dunklen Fraßgängen alten Eichenholzes. Erst nach vielen Jahren fressen sie sich ans Licht, um im Sommer zur Hochzeit auszufliegen.

Junge Bäume braucht das Land

Jeder Baum, wird er auch noch so alt, hat nur eine begrenzte Lebenserwartung.
Wo noch ein alter Baum steht, und erst recht, wo keiner mehr steht, sollten zehn junge Bäume gepflanzt werden. Hochwasser, Eisgang, und der Verbiss durch Wildtiere sorgen gerade in Flussauen für eine hohe Ausfallrate. Bäume kann man nicht zuviel pflanzen, nur die richtigen müssen es sein, heimische, standortgerechte Arten also, die von Natur aus in die Aue gehören. Wie früher, so können auch heute damit Auenwiesen belebt und ökologisch aufgewertet werden.
Ähnlich wie vor über 100 Jahren Landesverschönerungsvereine jene Bäume pflanzten, die heute unser Auge erfreuen, sollten wir jetzt junge Bäume setzen, die für unsere Nachfahren im ausgehenden 21. Jahrhundert bestimmt sind.

Die küssenden Biber von Torgau.

Heimliche Hauptrolle: Familie Biber
Nur an der Mittelelbe überlebte Meister Bockert

In ganz Mitteleuropa wurde mit der Zerstörung der natürlichen Flüsse und Auen der Lebensraum der Biber vernichtet. Wie durch ein Wunder überlebten kapp 200 Tiere der mitteleuropäischen Art an der Elbe. Engagierte Menschen setzten sich für ihren Schutz ein. Inzwischen gibt es wieder mehr als 4 000 Biber, verteilt über die gesamte Elbe und ihre Nebenflüsse. Nicht wenige Biberfamilien gingen bereits „in den Export".

Friedlich und still kommt die Nacht über die Elbe. Die Abendröte spiegelt sich im Wasser und spendet noch ein letztes Licht. Wie aus dem Nichts taucht vor mir, nur wenige Meter vom Ufer entfernt, ein kopfgroßes, dunkles Etwas auf. Ein Stück Treibholz? Nein, ein Biber. Er verharrt an der Oberfläche, ohne auch nur die kleinste Welle zu schlagen. Ein Meister der Tarnung. Mit Ohren und Nase, weniger mit den Augen, peilt er die Lage, erst dann fühlt er sich sicher. Scheinbar mühelos schwimmt er gegen die Strömung. Am Ufer angekommen, hebt er ganz allmählich seinen stattlichen Körper mit dem dicken, braunen Fell aus dem Wasser. Gemächlich wackelnd tapst er an Land. Erst jetzt gibt er sich in seiner Ganzheit zu erkennen und zeigt, wen ich vor mir habe: das größte Nagetier Europas, den Elbe-Biber.

Verfolgung ohne Gnade

Einst war er zwischen Rhein und Oder an allen Flüssen heimisch: der Elbe-Biber, der eigentlich Mitteleuropäischer Biber heißen müsste. Castor fiber albicus, so lautet sein wissenschaftlicher Name. Bei einer Gesamtlänge bis zu 1,40 Metern wiegt er über 30 Kilogramm. Wer sich unter einem Biber eine etwas größere Maus vorstellt, der irrt gewaltig. Biber fressen allerdings auch keine Fische, wie manch einer glauben mag.

Nur wenige Menschen haben bisher einen Biber gesehen. Den Tag verschläft Meister Bockert, wie er im Volksmund genannt wird, in seiner Burg. Und des Nachts fällt er kaum auf. Wenn der Morgen graut, taucht er wieder in seine Wohnhöhle zurück. Oft verbirgt sich die Biberwohnung unter dem Wurzelgeflecht einer alten Weide, unmittelbar am Ufer.

In früheren Jahrhunderten wurde der Biber vom Menschen erbarmungslos verfolgt.

Ohne Rücksicht auf Verluste hat man das putzige Tier gefangen, erschlagen oder erschossen. Gleich drei Dinge machten den Biber zur begehrten Beute. Sein Fell wurde zu wärmender Kleidung verarbeitet. Mit 23 000 Haaren pro Quadratzentimeter zählt der Biberpelz zu den wertvollsten Fellen. Das Fleisch wurde für die Mönche als Fastenspeise zugelassen, weil der Biber im Wasser lebt und somit zum Fisch erklärt werden konnte. Seine stark duftenden Drüsensekrete aber, die der Biber zum Markieren seiner Reviergrenzen nutzt, wurden als Wundermittel gegen „Hauptweh, Wassersucht und Impotenzia" verschrieben.

Schon um die Mitte des 19. Jahrhunderts war der Biber an Rhein und Donau ausgerottet. Nicht anders erging es den Bibern an der Weser, der Ems und der Oder.

Entscheidend für die Ausrottung war neben der direkten Verfolgung aber auch die Zerstörung ihrer natürlichen Lebensräume, der Flüsse und ihrer Auen. Die Vernichtung der Auenwälder versetzen der Familie Biber vielerorts den Todesstoß. So verschwand der Biber beinahe ganz aus Mittel- und Westeuropa.

Haftandrohung zum Schutz der Tiere

Nur knapp 200 Biber überlebten an der Mittleren Elbe zwischen Lutherstadt Wittenberg und Magdeburg, dort, wo noch heute natürlicher Auenwald anzutreffen ist. Entscheidend für die Rettung der letzten Biber war wohl die damalige Gesetzgebung. Im preußischen Teil der Elbe wurde der Biber ab 1909 unter ganzjährige Schonzeit gestellt. Das Anhaltische Polizeistrafgesetz hatte schon 1855 das Fangen und Töten der Tiere verboten, mit der Gründung des Deutschen Reiches 1871 reduzierte sich dieser Schutz auf eine begrenzte Schonzeit für die Pelzträger. 1915 endlich wurde mit dem Jagdpolizeigesetz von Anhalt die Schonzeit für Biber auf das ganze Jahr ausgedehnt. Auch damals schon traten engagierte Menschen für den Schutz der Biber ein. Einer von ihnen war der Amtmann Max Behr, der sich in Steckby bei Zerbst niederließ und als Biberforscher in die Geschichte des Naturschutzes einging. Ihm ist es zu verdanken, dass bereits 1929 ein Biberschutzgebiet zwi-

Elbebiber auf Landgang. Schwimmen und Tauchen gehört zu seinen Stärken, aber auch als Fußgänger ist er keineswegs langsam.

schen Aken und Tochheim eingerichtet wurde. Der Schutz wurde sehr ernst genommen und stand nicht nur auf dem Papier. Wer das Gebiet unbefugt betrat, dem drohte damals eine empfindliche Geldstrafe von bis zu 150 Reichsmark oder ein entsprechender Freiheitsentzug.

„Biber-Arche" Mittelelbe

Mit viel Liebe wurden die wenigen, übriggebliebenen Tiere in der Folgezeit umsorgt. Ein ganzes Netz ehrenamtlicher Biberbetreuer kümmert sich seit Jahrzehnten um die großen Nager. Vor allem in den siebziger Jahren setzte der Siegeszug der Elbe-Biber ein. Sie vermehrten sich prächtig.

Biber haben die Fähigkeit, beim Tauchen Nase, Mund und Ohren verschließen zu können. Da auch das Fell gut eingefettet und die Nahrung an Land gesucht wird, hatten die Biber wenig unter der Wasserverschmutzung zu leiden.

Biber sind als fürsorgliche Eltern bekannt. Bis zu einem Alter von zwei Jahren werden die Jungtiere liebevoll umsorgt. Bei einem Landgang kann es vorkommen, dass die Mutter ihr Junges „auf Händen" trägt. Wenn die Jungtiere allerdings dann die Volljährigkeit erreicht haben, werden sie aus dem elterlichen Revier vertrieben. Dabei kann es auch schon mal sehr handgreiflich zugehen, wenn ein Jungbiber doch lieber

bei den Eltern bleiben möchte. Auf der Suche nach freien Revieren schwimmen die Nachwuchsbiber die Elbe stromauf oder stromab. Inzwischen sind sie schon bis Dresden und kurz vor Hamburg gekommen. Auch die Nebenflüsse wurden wieder „bebibert", sofern sie noch naturnah genug sind. Wenn die Ufer allerdings durchgängig geschottert werden, hat es selbst der Biber mit seinen scharfen Zähnen schwer. Er kann sich weder eine Wohnung ins Ufer graben noch findet er ausreichend Nahrung in unmittelbarer Wassernähe.

Heute leben in Deutschland wieder über 4000 Elbe-Biber, mehr als die Hälfte davon in Sachsen-Anhalt.

Biberfamilien ziehen um

Nicht wenige Biberfamilien wurden von der „voll besetzten Elbe" umgesiedelt. Die ersten „Umzüge" begannen 1973 mit vier Tieren in die Schorfheide. Es folgte das Peenetal in Vorpommern, und in den achtziger Jahren ging es mit über 40 Tieren ins Odertal.

Die ersten Elbe-Biber, die die deutsch-deutsche Grenze passierten, gelangten nach Hessen in den Spessart. Nach der Wende kam der Biberexport erst richtig in Gang. Nicht nur das Emsland und das Saarland wurden wiederbevölkert, auch die Niederlande, Belgien und Dänemark erhielten ganze Biberfamilien von der Elbe.

Anders in Bayern und Baden-Württemberg. Auch hier nagen zwar wieder Biber, doch sie gehören nicht zur ursprünglichen, mitteleuropäischen Unterart.

Jungbiber bei der Mahlzeit. Teichrosen schmecken.

Da ein Import der heimischen Art aus der damaligen DDR lange Zeit nicht möglich war, wurden in Süddeutschland skandinavische und russische Biber angesiedelt.

Ärger mit Baumeister Bockert

In Süddeutschland, aber auch in anderen Gebieten, wo Biber wieder vorkommen, werden Klagen laut. Der Grund: Der Biber baut ohne Baugenehmigung. So staut er das Wasser in einem Bach an, damit er munter schwimmen und tauchen kann und leichter an seine Nahrung gelangt. Dem Bauern, dessen Wiese dadurch unter Wasser gesetzt wird, gefällt dies jedoch nicht immer. In anderen Fällen wandern die Biber in Gärten und Felder und suchen dort nach Nahrung. Dabei fällen sie Obstbäume oder naschen an den Zuckerrüben. Manche Besitzer können sich darüber nicht freuen und wollen den Gast möglichst schnell wieder loswerden. Doch wohin nur als Biber? Die guten, naturnahen Reviere sind meist schon durch andere Biber besetzt.

Da bleibt manchen Tieren nichts anderes übrig, als sich in weniger optimalen Räumen einzurichten. Je dichter ein Gebiet von Menschen besiedelt ist, desto häufiger sind Konflikte mit dem Biber zu erwarten. Toleranz seitens der Menschen wäre hier angebracht.

Plätze für den Biber schaffen

Gewässer mit naturnahen Ufern sind gefragt. Wo die Ufer betoniert oder mit Steinen befestigt sind, sollte man über eine Entsiegelung nachdenken. Natürliche, unbefestigte Ufer sind nötig, damit der Biber eine Wohnung für sich anlegen kann. Er braucht Holz zum Bauen, für seine Dämme und seine Burg. Und natürlich liebt er für seine Mahlzeiten Weichhölzer, vor allem Weide und Pappel. Weiden lassen sich leicht pflanzen. Im Frühjahr einige Weidenzweige ins Erdreich stecken – sie treiben von selbst aus und bi den rasch Sträucher und Bäume –, das wäre schon eine gute Tat für den Biber. Vor allem aber braucht dieses Tier ausreichend Lebensraum in Bach- und Flussauen. Indem der Mensch sich in seinen Ansprüchen etwas zurücknehmen und mehr Natur zulassen würde, hätte der Biber eine Chance, auch dort wieder einzuwandern, wo er vor über 100 Jahren vertrieben wurde.

Im Winter bevorzugen die Biber junge Rinde und zarte Knospen von Weiden.

Biberburg in einem ehemaligen Tagebau, zehn Kilometer von der Elbe entfernt.

Ein „Öko-Staudamm" – errichtet von Baumeister Biber.

Amphibischer Lebensraum Elbaue: Altwasser

Konzerte unter freiem Himmel
Die nasse Hochzeit der Frösche

Geht im Frühjahr das Hochwasser zurück, bleiben Tausende wassergefüllter Senken und Flutrinnen zurück. Diese wechselvolle Wildnis aus Wasser und Land lockt Tiere auf wundersame Weise jedes Jahr aufs Neue an: Frösche, Kröten, Unken, Laubfrösche. Jede Art hat ihren eigenen Ruf, jede ihr eigenes Instrument für die große Hochzeitsfeier. Tage- und nächtelang dauern die Konzerte unter freiem Himmel. Es sind die unermüdlichen Rufe der Männchen, die nur ein Ziel verfolgen: die Paarung.

Die ersten wärmenden Sonnenstrahlen treffen auf meine Haut. Lange habe ich die Sonne entbehrt. Sie lockt mich hinaus, dorthin, wo ich vor einem Jahr den ersten Grasfrosch traf. Er war es, der mich mit seinem geheimnisvollen Knarren aufhorchen ließ. Und an jenes kleine Wasser will ich, wo die Erdkröte mich anrief. Erst später, an einem Sonnentag im April, gibt es die Hochzeit der Moorfrösche. Die Musikanten, es sind die Männchen, treten im himmelblauen Anzug auf. Ganz in Grün dagegen beginnt Anfang Mai die Aufführung der Laubfroschmännchen. Es ist der Höhepunkt der Konzerttournee durch das Froschjahr. Ein lautstarkes, ein raumfüllendes Ereignis. Man sollte es gehört haben, wie Beethoven, wie Chopin.
Im Sommer wird der Nachklang gereicht, glockenhell, wohlklingend und geheimnisvoll. Die kleinen Rotbauchunken sind die Absender, und sie rufen durch den Tag und durch die Nacht.

Froschregen

Nicht von ungefähr glaubte man früher, dass es Frösche regnet. Fällt im Frühjahr die Nachttemperatur nicht mehr unter sechs Grad und nieselt es dazu noch, dann sind sie auf den Beinen, hüpfend, laufend, kriechend. Woher sie kommen, war lange ein Geheimnis. Wohin sie ziehen, ist offensichtlich: zum Wasser, nicht zu irgendeinem, nein, zu ihrem eigenen Gewässer, zum Ort ihrer Geburt. Als hätten sie Zeit und Ort des Treffpunktes abgesprochen, sind sie plötzlich in Massen da. Aus Leibeskräften rufend und dennoch gut getarnt, hocken die Männchen im flachen Wasser und sind gespannt auf das, was da kommen möge, auf Weibchen. Die sind rar. Kommt eines, findet es gleich mehrere Freier, kommt keines, wird auch schon mal ein fremdes Männchen angesprungen oder gar ein schwimmendes Stück Holz. Wenn das Weibchen seinen Laich abgelegt hat, zieht es weiter und lässt die Männchen, die weiter hoffen dürfen, im Wasser zurück.

Die Elbauen bieten geradezu ein ideales Reich für Froschköniginnen und Froschkönige aller Art. 1 500 Kleingewässer wurden allein in dem Biosphärenreservat „Mittlere Elbe" (zwischen Lutherstadt Wittenberg und Schönebeck) gezählt. Das Land rechts und links des Stromes ist nicht, wie man flüchtig urteilen könnte, ein plattes Land. Nein, es ist bewegt, wie von Künstlerhand modelliert, es hat Höhen und Tiefen.

Gerade die Senken, die sich zeitweilig mit Wasser füllen, sind gefragt unter den Amphibien, zu denen auch die Frösche zählen. Der aus dem Griechischen stammende Name Amphibien verrät, dass es sich um Tiere handelt, die sowohl im Wasser als auch an Land leben. Vor allem in Tümpeln fühlen sich die Frösche wohl. Hier gibt es keine Raubfische, die ihnen das Leben schwer machen könnten. Fische brauchen ganzjährig Wasser, sie vertragen, im Gegensatz zu der Amphibien, eine sommerliche Austrocknung von Gewässern nicht.

Fast alle heimischen Amphibien leben in der Elbaue, hier eine Kreuzkröte auf Wanderschaft.

Die Ringelnatter durchstreift im Frühjahr die Gewässer, immer auf der Suche nach einem guten Happen.

Erdkröten bei der Paarung. Wenn jetzt nur nicht die Schlange kommt ...

Die von Natur aus wechselnden Wasserstände des Flusses spiegeln sich in der Aue mit Verzögerung wider. Steigt das Wasser im Fluss, füllen sich allmählich die Gewässer der Aue. Geht die Wasserführung des Stromes zurück, sinken auch die Wasserstände in der Umgebung. Diese Schwankungen um mehrere Meter machen den amphibischen Lebensraum aus. Frösche, Molche, aber auch Pflanzen haben sich diesem Rhythmus angepasst. Er ist wie der Herzschlag eines großen Organismus.

Schlecht für die Amphibien wäre ein Dauerstau des Flusses. Die Tümpel, ihr Hauptlebensraum, blieben dann nicht nur zeitweilig wassergefüllt, sondern dauernd. Laich und Kaulquappen können von Fischen gefressen werden. Ähnlich gefährlich, allerdings langfristig, wirkt eine Eintiefung des Flusses. Die Aue trocknet so nach und nach aus. Die Gewässer verlanden schneller die Tümpel wären dann nicht mehr ausreichend lange mit Wasser gefüllt. Solange der Froschnachwuchs nicht auf eigenen Beinen hüpft, braucht er Wasser unterm Bauch. Eine mit Amphibien belebte Aue muss deshalb so bleiben, wie die Natur sie eingerichtet hat: als Feuchtgebiet mit stark wechselnden Wasserständen.

Laubfrösche sind exzellente Kletterer und führen ein Künstlerleben. Tags sonnen sie sich und nachts geben sie Konzerte.

Jedem Frosch sein passendes Haus

12 von 15 deutschen Amphibienarten kommen im Bereich der Flusslandschaft Elbe vor. In der Vielzahl von unterschiedlichsten Gewässern findet jede dieser Arten den ihr angemessenen Platz zum Leben. In keinem Gewässer kommen alle Arten gleichzeitig vor, jede Art hat ihre Vorlieben. Tümpel ist in Froschaugen eben nicht gleich Tümpel. Der große Seefrosch liebt das größere Gewässer, der kleinere Teichfrosch ist mit weniger Platz zufrieden. Sehr flache, daher sehr warme Tümpel mögen die Kreuzkröte und die Wechselkröte. Fast ausschließlich in Flussniederungen und Mooren kommt der Moorfrosch vor. Sehr sonnig und bewachsen mag es der Laubfrosch. Die in ganz Deutschland stark gefährdete Rotbauchunke kommt an der Elbe noch erfreulich häufig vor. Sie liebt besonnte Altarme oder Überschwemmungstümpel. Die rotorangefarben gefleckte Bauchseite ist quasi der Fingerabdruck der Unke. Jedes Tier hat ein anderes Muster.

Die Amphibien haben eine hohe Vermehrungsrate. Das ist gut so. Denn von den Fröschen lebt nicht nur der Weißstorch. Auch der in dichten Wäldern vorkommende Schwarzstorch weiß Froschmahlzeiten zu schätzen. Schlangen, wie die sonst wärmeliebende Ringelnatter, gehen sogar baden, um Frösche zu fangen und zu verspeisen.

Fotomodell Weißstorch: Die Elbauen mit ihren vielen Wasserflächen sind ein Paradies für Adebare.

Lieblingsfluss der Störche
Die Elbauen sind ein Paradies für Adebare

Während am Rhein kaum mehr ein Storch klappert, ist die Elbe ein Paradies für Meister Adebar. Fast jeder vierte deutsche Storch lebt an der Elbe.

In den Weiten der Elbauen findet der Weißstorch das, was er zum Leben braucht: nasse Wiesen, Tümpel und Weiher, Frösche, Würmer und Heuschrecken. Der Tisch ist so reich gedeckt, dass die Zahl der Brutpaare an der Elbe in jüngster Zeit sogar zunimmt.

Auch die Störche haben es mit ihren Beziehungen.
Jedes Jahr im April melden sie sich mit handwerklichem Geschick bei mir zurück. Wer zuerst kommt, klappert zuerst. Mal trifft die Störchin als erste von ihrer afrikanischen Reise ein, mal der Storch. Ein halbes Jahr lang hatten sie Urlaub, jeder für sich.
Hat der Storchenmann die Zeit verbummelt, ist schon mal ein Vertretungsstorch beim Storchenweibchen. Ihre biologische Uhr tickt, wer will da schon kostbare Zeit verstreichen lassen? Die neue Beziehung läuft reibungslos: freundliches, ja überschwängliches Begrüßungsklappern, Paarung, Eiablage. Kommt er dann doch noch, der wahre Hausstorch, dann gelten strenge Sitten. Mit wütenden Flügelschlägen und Schnabelhieben verjagt der Hausherr den Ersatzgatten. Doch dessen Flucht genügt ihm nicht. Um saubere Verhältnisse zu schaffen, wirft er auch die Eier aus dem Horst, es wären ja nicht seine Kinder.
Nachdem das Nest von „fremden Federn" gereinigt ist, geht die Storchenliebe mit dem freundlichen, überschwänglichen Klappern wieder ganz von vorn los, als wäre nichts gewesen. Ordnung muss eben sein, auch unter Störchen. Sie sind schließlich so gut wie verheiratet – mit ihrem Horst.

Sag mir, wie viel Störche ...

Solange der Mensch im Überfluss lebt, nimmt er manche Dinge kaum zur Kenntnis. Erst wenn etwas knapp zu werden droht oder er mehr davon will, beginnt er zu zählen.

Die erste Zählung der Störche fand in Deutschland 1934 statt. Man kam auf über 9 000 Paare. Zur einen Hälfte siedelten sie im Osten, auf dem Gebiet der heutigen neuen Bundesländer, zur anderen Hälfte im Westen.

Doch das war einmal. Die Situation der Störche hat sich im Laufe der folgenden sechs Jahrzehnte grundlegend geändert. Es ging rapide bergab. Im Jahre 1992 wurden nur noch 3159 Storchenpaare gezählt, ein Absturz um fast zwei Drittel. Der größte Schwund – um 90% – war in den westlichen Bundesländern zu verzeichnen. In den östlichen Bundesländern schrumpfte die Zahl um 50%.

Inzwischen scheint der Abwärtstrend gebrochen zu sein, seit 1996 geht es wieder bergauf mit den Störchen. In Deutschland wurden über 4 000 Storchenpaare gezählt. Ob diese erfreuliche Entwicklung anhält, wird die Zukunft zeigen.

Schaut man sich eine Verbreitungskarte der Weißstörche an, so ist Ostdeutschland reich gesegnet. Besonders entlang der Elbe fällt eine hohe Storchendichte auf. Um diesen lebendigen Schatz zu bewahren ist es besonders wichtig, die alten Fehler im Umgang mit Flüssen nicht zu wiederholen.

Wo die meisten Störche klappern

Die Elbe ist zum Dreh- und Angelpunkt für Deutschlands Weißstörche geworden. Keine andere Landschaft ist bei den Störchen so beliebt wie die Elbauen. Warum? Die Überschwemmungsgebiete an der Elbe sind noch recht naturnah erhalten. Weite Wiesen, durchsetzt von Altwässern, Flutrinnen und Tümpeln sind ein Paradies für Frösche und damit auch für Störche. Doch nicht überall verlief die Entwicklung gleich. In den niedersächsischen Kreisen westlich der Elbe nahm die Zahl der Störche in den sechziger bis achtziger Jahren um 55% ab, in den gegenüberliegenden, östlichen Kreisen ging der Bestand nur um 14% zurück.

Der Grund für den auffallenden Ost-West-Unterschied war und ist die Art der Landnutzung. Im Westen wurden die Flussauen fast bis in den letzten Winkel entwässert, eingeebnet und intensiv bewirtschaftet. Viele Wiesen wurden umgepflügt und in profitableres Ackerland verwandelt. Die Überflutungsauen mit den nassen Wiesen und ihren Tümpeln verschwanden im Westen weitgehend. Das war das Aus für die Frösche und damit für die Störche. Der hohe Pestizideinsatz tat sein Übriges. Mäuse, Insekten und Regenwürmer, ebenso Hauptnahrungsmittel der

Führt die Elbe viel Wasser, sind auch die Elbwiesen nass – gut für Frösche und Störche. In „fetten" Jahren gibt es bei Familie Storch einen Jungvogel mehr.

Storchenfamilie auf der Burgruine Klein Rosenburg. Das Bauwerk im Elbe-Saale-Winkel wurde vor über 1000 Jahren schon erwähnt und geht auf eine slawische Besiedlung zurück.

Störche, wurden knapp. Auch in der DDR wurde Landwirtschaft intensiv und mit viel Chemie betrieben. Doch die Flussauen mit ihrem unberechenbaren Hochwasser blieben weitgehend verschont und als Feuchtgrünland erhalten. Die Versorgung der Störche mit ihrer Hauptnahrung war damit gesichert – Glück für den Glücksbringer.

Ideal, nicht nur für den Storch, ist eine Landnutzung ohne Chemie. Eine ökologische Landwirtschaft erzeugt nicht nur gesunde Nahrung für den Menschen. So ganz nebenbei werden auch gute Lebensbedingungen für den Storch, für Frösche und Regenwürmer gesichert.

Wie sehr der Storch die nassen Wiesen braucht, zeigt die Statistik der Jungenzahl. In Jahren mit anhaltenden Frühjahrshochwässern, dann, wenn es viel Froschlaich und Kaulquappen gibt, ziehen Storch und Störchin durchschnittlich drei Jungvögel auf. In Trockenjahren werden nur zwei Jungtiere flügge.

Durch Beringung wurde festgestellt, dass die jungen Störche, die in „Ostelbien" geboren wurden, ihren späteren Brutplatz zumeist an der Westelbe suchen. So ist eine gute Chance gegeben, dass der Storch auch im Westen wieder Fuß fassen kann. Voraussetzung ist allerdings, dass der Lebensraum stimmt. „Wer sich Störche hält, muss auch für Frösche sorgen", sagt schon ein altes Sprichwort. Doch lebendige Flussauen wiederherzustellen, wenn sie einmal zerstört sind, ist eine Aufgabe für Generationen.

Damit die Störche auch weiterhin an der Elbe zahlreichen Nachwuchs zur Welt bringen, sind der natürliche Wechsel von Hoch- und Niedrigwasser ebenso wie die Überflutungswiesen in ihrer Vielgestaltigkeit zu erhalten. Wo Überschwemmungsflächen für den vorbeugenden Hochwasserschutz, z.B. durch Deichrückverlegung, wieder neu geschaffen werden, kommt dies nicht nur den Menschen, sondern auch den Störchen zugute.

Storchenprinzessin auf Sendung

Sie wurde auf den Namen „Prinzesschen" getauft, eine Störchin, die seit 1997 einen kleinen Sender auf ihrem Rücken trägt. Ihre Brutheimat ist der Storchenhof Loburg in Anhalt-Zerbst, unweit der Elbe. Dieser Sender machte es möglich, dass Storchenforscher Zugwege und Flugzeiten via Satellit beobachten konnten. Es war weltweit erstmalig, dass der komplette Hin- und Rückflug eines Storches verfolgt wurde. So ist inzwischen genau bekannt, wo Prinzesschen das Weihnachtsfest verbringt. Es zog sie bis ins südliche Afrika, das ist der weiteste aller denkbaren Wege. Prinzesschen gehört zu den „Ostziehern", die über die

Elbaue am Rande von Magdeburg zur Blütezeit der gelben Teichrosen.

Der seltene Schwarzstorch auf Nahrungssuche. Anders als sein weißer Verwandter brütet er heimlich in stillen Wäldern.

Gelegentlich sind die farbenfrohen Brandgänse auf der Elbe zu entdecken. Sie brüten in Erdlöchern, z.B. in Fuchsbauten.

Die Uferschnepfe, ein knapp hühnergroßer Vogel, ist vom Aussterben bedroht. Sie lebt nur noch in wenigen Paaren an der Mittleren Elbe und braucht nasse und wenig genutzte Wiesen.

Frosch im Gras – Tarnung ist das halbe Überleben.

lich verhungern, wenn sie der Mensch nicht füttern würde. Der Storch wird so zum Pflegefall. Doch das ist noch nicht das Schlimmste: im Frühjahr, wenn die Zugstörche aus ihren afrikanischen Winterquartieren kommen, haben die Zuchtstörche bereits die besten Quartiere besetzt. „Bin schon da", heißt es dann in der Storchensprache. Der von der langen Reise abgekämpfte Storch hat das Nachsehen. Die vom Menschen abhängigen Störche haben damit die besten Voraussetzungen, sich zu vermehren und die lebenstüchtigen Wildstörche zu verdrängen. So geht es zu, wenn der Mensch es auf die falsche Art gut meint mit den Tieren.

Die Gefahr der „fliegenden Haustiere" ist inzwischen erkannt. Die Einrichtungen werden geschlossen.

Geeigneter wäre für die Arterhaltung des Storchs, ihm bessere Lebensbedingungen anzubieten. Nasse Wiesen und naturnahe Flussläufe helfen dem schönen Vogel mehr als jedes noch so teure Aufzuchtprogramm.

Storchendörfer an der Elbe

Wie an keinem anderen deutschen Fluss können wir heute noch an der Elbe Storchendörfer, also Dörfer mit ungewöhnlich vielen bewohnten Storchenhorsten, finden.

Eine unbestrittene Spitzenstellung nimmt Rühstädt in der Brandenburgischen Elbtalaue ein. 1996 brüteten dort 43 Paare, manchmal mehrere Brutpaare auf ein und demselben Dach. Den zweiten Rang nimmt das Storchendorf Wahrendorf in Sachsen-Anhalt ein. Der Ort im Kreis Osterburg hat 19 Storchenpaare aufzuweisen.

Doch auch das gibt es: 1901 lebten in dem kleinen Dorf Besitz in der Sudeniederung 71 Paare des Weißstorches. Das rechte Nebenflüsschen der Elbe überflutete bei Hochwasser weite Flächen und deckte damit den Störchen den Tisch überreichlich. Anfang der sechziger Jahre wurde das Land trockengelegt. Jetzt brütet im selben Dorf nur noch ein Storchenpaar.

Mit einem bemerkenswerten Projekt werden neuerdings große Flächen in der Umgebung aufgekauft, um diese wieder zu vernässen und somit storchenfreundlich zu gestalten.

Türkei, den nahen Osten und den Nil bis nach Südafrika fliegen. Die meisten Elbstörche wählen diese Ostroute. Die „Westzieher" dagegen treten ihre Reise über Spanien und Marokko bis nach Westafrika an.

Kein Märchen

Als die letzten nassen Wiesen trockengelegt und der letzte Bach begradigt war, wurden im Süden und Westen Deutschlands die Klapperstörche vermißt. Sie kamen nur noch in Märchen vor. Dem wollte der planende Mensch abhelfen, denn ein Leben ohne Störche schien an Fröhlichkeit verloren zu haben. Aufzuchtstationen entstanden in Baden-Württemberg, aber auch in der Schweiz. Unter der Heizwärme elektrischen Stromes wurden aus Storcheneiern Jungstörche erbrütet. Pflege und Fütterung übernahmen keine Storcheneltern, sondern Angestellte der Aufzuchtstationen. Diese Störche, man könnte sie als Storchwaisen bezeichnen, wurden genauso groß wie ihre wilden Brüder und Schwestern. Nur eines hatten sie nach mehrjähriger Gehegehaltung verloren: den Zugtrieb. Wenn es August wird und sich alle Störche zum Rückflug sammeln, kümmert das die künstlich erbrüteten Störche wenig. Sie verspüren keine Reiselust und bleiben trotz Schnee und Eis im Lande ihrer Geburt. Die Kälte kann ihnen wenig anhaben, nur Frösche finden sie im Winter keine. Diese Störche müßten jämmer-

Nordische Gänse kommen in großen Schwärmen im Herbst an die Elbe.

Wo tausend wilde Gänse schlafen
Die Vögel verbringen die kalten Winternächte auf der Elbe

Seit Menschengedenken kommen sie im Herbst und geben das immer gleiche und immer wieder aufregende Schauspiel. Zu Hunderten, ja, Tausenden bevölkern sie tags den Himmel und besetzen nachts die Elbe: Bless- und Saatgänse. Ihre Heimat ist der hohe Norden Eurasiens, die baumlose Tundra. Weil es dort in ihrer Brutheimat um diese Zeit nur Schnee und Eis, aber nichts zu fressen gibt, suchen sie ein Quartier für den Winter.

Ende September. Irgendetwas klingt aus der Ferne herüber, als sänge jemand ein fast vergessenes Lied. Ein Lied von Sehnsucht und von Weite. Irgendwie bekannt, denke ich im ersten Moment und entdecke die keilförmige Sänger-Schar am Horizont. „Meine" Gänse melden sich wieder zurück, stelle ich zufrieden und doch etwas wehmütig fest. Nun ist der Sommer ganz und gar verflossen. Die Vögel bringen den Winter mit. Und sie verbringen ihn mit mir.

Gänse, scharenweise

Wohl kaum eine andere Tierart in Mitteleuropa beeindruckt uns den Winter über so stark und nachhaltig wie diese Gänsescharen. Seit Menschengedenken treffen sie im Herbst bei uns ein, gerade dann, wenn uns unsere heimischen Wildgänse, die Graugänse, verlassen haben. Nicht still und leise kommen sie, sondern mit durchdringenden, tausendfachen Stimmen, die so verschieden wie geheimnisvoll sind. Schon allein die Vielzahl der Tiere lässt uns staunen und erinnert eher an Tierparadiese in exotischen Ländern denn an ein Industrieland. Jede Gans scheint ihren eigenen, individuellen Ruf zu haben, an dem sie sich untereinander erkennen können.
Diese nordischen Gänseschwärme setzen sich meist aus zwei Arten zusammen.
Da sind zum einen die Saatgänse, die eher mit tiefer Stimme rufen. Die Blessgänse dagegen heben sich mit ihrer hell klingenden, hohen Stimme hervor. Auf ihrer Stirn tragen sie eine im Sonnenlicht weiß leuchtende „Blesse", daher rührt ihr Name. Im Flug fällt die Blessgans mit ihrem „getigerten", also gestreiften Bauch auf.

Neben den nordischen Gänsen zieht die Elbe auch sehr viele andere Vogelarten an, darunter Brutvögel ebenso wie Überwinterer. Im Frühjahr und Herbst stellt die Elbe für den Vogelzug gewissermaßen eine Hauptstraße dar. Sie ist Leitlinie, Rast- und Nahrungsplatz zugleich.

Der Gänsewinter

Zur Überwinterung brauchen die nordischen Gänse vor allem große Wasserflächen. Nur sie bieten ihnen genügend Schutz vor Feinden. Gern werden auch ausgedehnte Seen und Teiche angeflogen. Doch mit den ersten strengen Frösten breitet sich eine Eisdecke aus. Die Gänse ziehen weiter, suchen eisfreie Gewässer. Als Winterquartier bestens geeignet sind dann nur noch die großen Ströme Mittel- und Westeuropas. Die Mittlere Elbe gehört zu den bevorzugten Winterzielen der Gänse. Deutlich länger als andere Gewässer bleibt die fließende Elbe frei von einer durchgehenden Eisbedeckung.
Während es für uns draußen kalt und unwirtlich zugeht, fühlen sich die Gänse dabei ausgesprochen wohl. Für sie ist es warm genug, auch wenn es mal sehr frostig wird. Kälte kann ihnen nichts anhaben. Die Gänsedaunen, die oft auch die Betten der Menschen füllen, machen es möglich. Gänse sollen selbst die tiefsten auf der Erde vorkommenden Temperaturen aushalten können. Hauptsache, sie können mit grünen Gräsern tagsüber ihren gröbsten Hunger stillen.
Die Elbe suchen die Gänse erst bei einbrechender Dunkelheit auf. Sie ist ihr Schlafplatz. Im flachen Wasser, wo die Strömung gering ist, lassen sie sich zu Hunderten nieder. Sie scheinen sich mit großer Freude und Begeisterung zu begrüßen und schnattern noch stundenlang miteinander. Gänse sind sehr gesellige Tiere und verbringen das Winterhalbjahr bei uns in großen Gemeinschaften. Dennoch verlieren sich Gans und Ganter nicht aus den Augen. Sie führen lebenslang eine Einehe. In der Vogelwelt gilt das eher als Ausnahme denn als Regel.
Im Morgengrauen, noch bevor die Sonne aufgeht, stehen die Gänse dicht beieinander oder schwimmen in Ufernähe hin und her, putzen sich ihr Gefieder und trinken einen Schluck Elbwasser.
Dann ist es soweit. Eine Gans gibt das Signal, und auf geht es. Eine graue Wolke erhebt sich in die Luft und verdunkelt den Morgenhim-

Die Elbe ist beliebtes Winterquartier für Tausende von nordischen Gänsen. Erst bei dichtem Treibeis meiden die Vögel das Wasser.

Auch die Singschwäne kommen zur Überwinterung an die Elbe. Wenn die Tage länger werden, beginnen sie mit den Balzspielen.

mel. Lawinenartig pflanzt sich der Abflug entlang des Elbufers fort. Wo eben noch Stille war, bringen die flatternden Gänseschwärme die Luft über dem Fluss zum Schwingen. Die Vögel drehen einen Kreis und verteilen sich in alle Himmelsrichtungen. Nach kurzer Zeit kehrt die Ruhe am Fluss wieder ein. Die Gänse sind unterwegs zu großen und übersichtlichen Feldern und Wiesen, wo sie Nahrung zu sich nehmen. Am Abend werden sie zu ihren Schlafplätzen zurückkehren.

Mit den Gänsen kommen die Adler

Die meisten Gänse kommen in besonders harten Wintern an die Elbe. Sie bietet die letzten großen und offenen Wasserflächen. Selbst wenn die Flussränder schon vereist sind, zieht es die Vögel in das eisige Flusswasser zur Nachtruhe. Dort fühlen sie sich sicher, denn der hungrige, aber wasserscheue Fuchs patrouilliert am Ufer nur bis zur Wasserkante. Anders der Seeadler. Er greift aus der Luft an und bedient sich vom reichlich gedeckten Tisch. Gans gehört zu seinen Lieblingsspeisen. Erst wenn ein strenger Frost über Wochen anhält, bedeckt sich die Elbe mit dichtem Treibeis. Das ist die schwierigste Zeit für die Gänse. Sie ruhen dann entweder auf dem Eis oder sie ziehen vorübergehend gen Westen, an den milden Atlantik. Doch dieser Flug kostet Kraft.

Blei fliegt durch die Luft

Die Elbe muss den Wildgänsen lange Zeit wie ein Paradies vorgekommen sein. Bis auf Fuchs und Seeadler hatten sie nichts und niemanden zu fürchten. Ungestört konnten sie ihre Nachtruhe verbringen, bis sich das Morgenrot am Osthimmel abzeichnete, und dann in aller Ruhe auf den Wiesen und Feldern Hälmchen zupfen.

Bis vor wenigen Jahren wurden Gänse an der ostdeutschen Elbe kaum bejagt. Sie standen auch im Ruf, erhöhte Quecksilbergehalte in sich zu bergen. Quecksilber von gebeiztem Saatgut, das die Gänse bei ihren Mahlzeiten auf den Feldern mit aufgenommen haben. Der Einsatz von giftigen Quecksilberverbindungen ist inzwischen verboten, gut für die Gänse. Dafür ist aber die Gänsejagd umso beliebter geworden. Schlecht für die Gänse. Geschossen wird mit Schrot, mitten in die Schwärme hinein. Viele Gänse werden getroffen, doch nicht alle fallen gleich zu Boden und werden zur Beute des Jägers. Nicht wenige Gänse fliegen mit schmerzhaften Bleigewichten im Körper weiter. Manche Gänse verlieren ihre Flugfähigkeit und streifen verlassen umher, bis sie zur Beute von Fuchs oder Adler werden.

In der Tat hat die Zahl der Gänse zugenommen. An der Mittleren Elbe halten sich in Spitzenzeiten einige hunderttausend Tiere auf. Und in der

Saat- und Blessgänse bei der Mahlzeit. Auf Feldern und Wiesen rupfen sie Grünfutter, ihre wichtigste Energiequelle, um die Kälte zu überstehen.

Mit den Gänseschwärmen kommen auch die Seeadler an die Elbe. Eine Gans ist eine gute Beute für den größten unserer Greifvögel.

Tat fressen sie von der Wintersaat auf den Feldern. Muss aber deshalb den Gänsen, die seit Menschengedenken Gastrecht genießen, ein derartiges Martyrium angetan werden? Ob die Ernteverluste, wenn sie wirklich nachweisbar sind, nicht von einer reichen Gesellschaft gemeinsam getragen werden können?

Mit der Nachtruhe vorbei?

Ein für die Wildgänse neues Problem kommt mit der Nachtschifffahrt. Weil früher auf dem Fluss mit dem Sonnenuntergang gewöhnlich der Feierabend einzog, war die Nachtruhe für die Gänse ziemlich ungestört. Von Gans zu Gans wurde noch eine Weile geschnattert, dann war es mäuschenstill. Diese nächtliche Idylle könnte aber auch bald vorbei sein. Mit der modernen Radartechnik ausgerüstet, können die Schiffe sprichwörtlich bei Nacht und Nebel auf dem Fluss kreuzen.
Nähert sich nachts ein Schiff einer Gänsegesellschaft, kommt Unruhe, oft auch Panik auf. Mit viel Geschrei fliegen die Tiere auf, fliehen vor der vermeintlichen Gefahr, irren umher. Erst allmählich, wenn die Störung vorüber ist, lassen sich die Vögel wieder auf dem Wasser nieder. Doch Ruhe kehrt nach dieser Aufregung so schnell nicht wieder ein. Manche Gans sucht noch ihren Partner, fliegt hilferufend den Strom auf und ab. Solange die Familien sich nicht gefunden haben, wird es nicht still. Kommt dann das nächste Schiff und vielleicht das übernächste, dann ist es mit dem Sinn der Nachtruhe vorbei. Das zehrt an den Kräften, an den Fettpölsterchen, die nötig sind für den Winter und den langen Rückflug. Durch das ständige Auffliegen wird mehr Energie verbraucht als aufgenommen werden kann. Ein Energiedefizit schwächt nicht nur die Tiere, es schmälert auch den Bruterfolg in der arktischen Heimat.
Noch ist die Nachtschifffahrt auf der Elbe nicht sehr bedeutend. Für die wildlebenden Gänse gibt es zur Elbe keine Alternative. Vielleicht aber für die Gütertransporte? Ein Verbot, zumindest aber eine Einschränkung der Nachtschifffahrt würde das Problem zugunsten der Vögel entschärfen helfen.

Szene vom 1. Dessauer Elbe-Badefest 1999. Badekleider aus längst vergangenen Zeiten ...

Wird Baden wieder eine Lust?
Schwimmen im Fluss war immer schon reizvoll ...

Das Baden in einem Flusse – der einen erscheint es spannend, dem anderen abscheulich, der dritten gefährlich. Manch einer kann sich heute nicht einmal mehr vorstellen, dass unsere Flüsse durchaus auch zum Baden geeignet sind oder es zumindest einmal waren.

Eine lange Geschichte des Flussbadens gibt es im Anhaltischen Raum. Bereits Anfang des 16. Jahrhunderts soll es an der Mittleren Elbe bei Coswig die erste Flussbadeanstalt gegeben haben. Sie ging im Dreißigjährigen Krieg um 1640 wieder ein. Aus lauter Lust in das damals noch saubere Wasser der Flüsse und Seen zu springen, war aber keineswegs üblich, es „schickte sich nicht". Über Jahrhunderte war das freie Baden in Gewässern tabu.

Erst im 18. Jahrhundert begann die neuere Geschichte des Badens in unseren Flüssen und Seen. Es bedurfte mutiger Menschen, die gegen die herrschenden Sitten das Baden als nützliche und gesunde Angelegenheit einführten.

Ein erster Schritt in den Fluss zieht weitere Schritte nach sich. Es ist ein Sichhineinbegeben in einen verlockend-flüchtigen Körper, ein gegenseitiges Abtasten, die Strömung spüren und sie mit meiner Wade spielen lassen. Aus der Ferne scheint die Elbe sanft, unglaublich stark zeigt sie sich mittendrin. Widerstehen ist zwecklos, einzig sich hinzugeben ist möglich, Treibgut sein zwischen Himmel und Erde und sich den Raum teilen mit den Fischen und der Unterwasserwelt. Wie konnte nur der Mensch es so verlernen?

Schulfach: Baden im Flusse

„An manchen Orten, die an der See oder an großen Flüssen liegen, findet man gute Schwimmer. So gibt es zum Beispiel unter den Jünglingen und Knaben von Dessau viele, die es darin zu einer ziemlichen Fertigkeit bringen". So ist in einem Buch aus dem Jahre 1795 mit dem Titel „System der Leibesübungen" zu lesen.

Eine besondere Rolle für die Entwicklung des Badens und Schwimmens spielte der anhaltische Landesvater Fürst Franz. In seiner von ihm gegründeten Schule der Menschenliebe, dem Philanthropinum, stand das Baden im Flusse bereits 1774 im Lehrplan als Unterrichtsfach. Die Zöglinge sollten durch das Schwimmen Körper und Geist stärken. Elbe und Mulde sorgten für ausreichend Wasser. Aber bis zum Baden im heutigen Sinne sollte es noch ein langer und steiniger Weg werden.

Die Sittenpolizei greift ein

Das Baden im Freien war damals keineswegs eine übliche Angelegenheit.

Im Mittelalter badete man, wenn überhaupt, in geschlossenen Badehäusern, um seinen Körper zu reinigen. Die Kirche sah das freie Baden als Sünde an. Es galt als unanständig und nicht schicklich, seinen Körper halbnackt zu zeigen.

Doch auch die weltliche Macht baute Hürden auf und machte es den Liebhabern des nassen Elements nicht leicht.

Strikt untersagt wurde das Baden in Gewässern 1732 durch eine Verordnung der „Fürstlich Anhalt-Bernburgischen Polzeidirektion". Eine eigens dafür geschaffene Sittenpolizei wachte über die Einhaltung von Recht und Gesetz. Wer dagegen verstieß, musste mit „dreitägiger Ar-

Schwimmunterricht im Jahre 1932 in der Flussbadeanstalt in Roßlau.

rest-Strafe bei Wasser und Brod" rechnen. In Anhalt wurde dennoch im wahrsten Sinne des Wortes wie wild gebadet.

Doch nicht nur das Auge des Gesetzes wachte über die Badelustigen. Auch Ärzte und Wissenschaftler machten sich Sorgen und sahen im Baden ein riskantes Unterfangen. Sie stellten fest, dass Badende sich der

Baden in der Steinzeit, überzeugend nachempfunden beim Saale-Badefest in Halle 1999.

Gefahr aussetzten, ihr „Leben plötzlich zu verlieren" und ihren Angehörigen „Kummer und Herzeleid" zu verursachen.

Die schwimmenden Badeanstalten

Typisch für die ersten Flussbadeanstalten waren die auf Floßholz, später auf Holzbooten schwimmenden Badekästen, offiziell „Badezimmer" und inoffiziell „Schweinekästen" genannt. Es handelte sich dabei um eher enge, überdachte Kabinen aus Brettern, in denen sich die Gäste einzeln sowohl an- und auskleiden, aber auch baden mussten. Das Wasser war bis zu maximal einem Meter tief und reichte bei einem Erwachsenen gerade mal bis zur Hüfte. Die Angst vor tieferem Wasser war offensichtlich sehr groß. Von Schwimmen im heutigen Sinne konnte anfangs nicht die Rede sein. Es war eher ein Eintauchen der unteren Körperhälfte in das fließende Wasser. In Dessau gab es erstmals 1802 eine derartige Badeanstalt und zwar an der Mulde. Eintrittskarten mussten in der Apotheke erworben werden.

Im Jahre 1818 wurden vom Dessauer Hofrath Olberg Vorschriften für die Flussbadeanstalten erlassen. Darin heißt es u.a.: „Wer gern tief badet, oder gern tief im Bade zu sitzen pflegt, muss sich stets mit dem Rücken gegen den Strom des Flusses wenden. Durch diese Stellung vermeidet man den auf die Brust und den Unterleib nachteilig wirkenden Druck des Wassers, der nach der Stärke des Stroms auch verhältnismäßig stark ist und bei einer natürlichen Schwäche der Brust, leicht schädlich werden kann."

Baden unter freien Himmel – Männer und Frauen getrennt

Die erste öffentliche Schwimmgelegenheit im freien Wasser und unter freiem Himmel entstand in Anhalt 1855 an der Dessauer Mulde.

Das Baden war zunächst reine Männersache. Die erste städtische Frauenbadeanstalt wurde sehr viel später, 1885, eröffnet. Nach 40 Jahren wandelte sich das Frauenbad um zu einem Familienbad, trotz des Einspruches vom Dessauer Frauenbund, der durch diese Lockerung eine „Verwilderung der Sitten" befürchtete.

Im Gegensatz zu den Männeranstalten war das Frauenbad nicht offen, sondern „nach allen Seiten mit Leinwandbahnen gegen Sicht von außen gedichtet". Zur Begründung wurde aufgeführt, dass die Fußgänger sich durch den Anblick der Badenden und durch die zum Trocknen aufgehängte Wäsche belästigt fühlten. Eine kleine Kommission von „Anstandsdamen" übernahm darüber hinaus die Aufsicht. Das Baden war

Elbschwimmen zum 5. Internationalen Elbe-Saale-Camp 1997 in Barby.

Buntes Treiben zum 3. Saale-Badefest 1999 in Halle.

nur an bestimmten, durch Stangen abgesteckten Plätzen erlaubt. Wer außerhalb der erlaubten Stellen badete und erwischt wurde, wanderte drei Tage in Arrest oder zahlte drei Taler Strafe. Wie aus Polizeiberichten hervorgeht, wurde die Anordnung vielfach übertreten. Der Drang der Menschen nach freiem Baden war offensichtlich stärker als alle Gesetze.

Hochkonjunktur der Flussbadeanstalten

Flussbadeanstalten schossen Ende des 19. und Anfang des 20. Jahrhunderts in Deutschland wie Pilze aus dem Boden, so auch im damaligen Mitteldeutschland, einem aufstrebenden Industrierevier.
Jede Stadt an der Elbe hatte ihre Badeanstalten, wo sich vor allem an Sonntagen Tausende von Badelustigen tummelten.
In Roßlau, nahe der Schiffswerft gab es ab 1868 eine Badeanstalt. 1873 entstand die erste Einrichtung dieser Art (von insgesamt dreien) in Wittenberg.
In Coswig – nach über 300-jähriger Unterbrechung – wurde um 1889 oberhalb der Fähre ein neues, öffentliches Freibad durch Pfähle abgesteckt. Auf den Liegewiesen mit dem idealen Strand konnten Tausende Besucher Platz finden. Auch von Barby und Schönebeck ist die Existenz mehrerer Flussbadeanstalten bekannt. Die Zerbster Einwohner hatten

gute zehn Kilometer bis zu ihrem Elbestrand nach Tochheim zurückzulegen. In Magdeburg soll es gar fast ein Dutzend Badeanstalten gegeben haben.
Die Dessauer badeten lange Zeit in der Mulde, die mitten durch die Stadt floss. Die am Stadtrand gelegene Elbe wurde erst mit dem Jahre 1928 zum Anziehungspunkt für Badelustige. Auf der dem Kornhaus gegenüberliegenden Seite richtete die Stadt das Strandbad ein. Zwei Holzboote mit Motor brachten die Badegäste zum anderen Ufer. Mit rot-weißen Bojen wurde die Badestelle abgegrenzt, zu der 400 Meter Strand gehörten. Für den Sand am Ufer hatte der Fluss selbst gesorgt.

Bademoden und Schwimmerlaubniskarten

Die Badebekleidung war lange Zeit streng geregelt. „Undurchsichtige, den ganzen Körper bedeckende Badeanzüge" waren lange Zeit vorgeschrieben. Mit der allmählichen Lockerung kamen die Bademoden ins Gespräch. Recht kecke Modelle tauchten auf, und einige Herren tauschten den gestreiften Anzug gegen ein knappes „Dreieck" aus. Wem das nötige Geld für eine Badehose fehlte, konnte sich auch ein passendes Exemplar beim Bademeister für zehn Reichspfennig ausleihen und somit bei der Damenwelt Gefallen finden.
Das Baden im Fluss war schon immer ein bisschen gefährlich.

Das wussten auch die Polizisten, früher Schutzmänner genannt. Diese hatten eine besondere Funktion zu erfüllen. Mitte des 19. Jahrhunderts musste jeder Badegast der Dessauer Badeanstalt vor den Augen eines Polizeibeamten zuerst eine Schwimmprobe ablegen. Später erfand die Herzogliche Polizeidirektion kostenpflichtige Schwimmerlaubniskarten, aus deren Erlös Badewärter bezahlt wurden.

Es galt lange als besonderer, aber nicht ungefährlicher Spaß, in die Wellen der damaligen Raddampfer hineinzuschwimmen. Im Sommer 1948 ertranken bei dieser „Mutprobe" drei Schüler im Alter von 12 bis 14 Jahren, nachdem der Sog der starken Strömung sie in den Bereich der Schaufelräder gezogen hatte.

Biss ins Gesäß

Im Juni 1937 wurde ein Dessauer Bürger beim Baden so stark ins Gesäß gebissen, dass er ärztliche Hilfe in Anspruch nehmen musste. Die Täterin war ein hoch tragendes Biberweibchen, das sich kurz vorm Zubeißen an der Wasseroberfläche blicken ließ. Aus Bibersicht handelte es sich vermutlich um Notwehr, da das Tier einen Angriff vermutete und deshalb zubiss. Doch half es der Biberin nur wenig. Sie wurde gefangen und „strafversetzt".

Der Niedergang der Badeanstalten

Dem Badespaß, gerade so richtig in Schwung gekommen, drohte ein baldiges Ende. Im Mai 1935 wurde die schlechte Badewasserqualität der Mulde beklagt, ausgelöst durch die aufstrebende, mitteldeutsche Chemieindustrie im Einzugsgebiet, vor allem in Bitterfeld und Wolfen. Coswig, so wurde berichtet, befände sich immer noch in einer beneidenswerten Lage. Auch wenn das Elbwasser nicht mehr so sauber wie in früheren Jahrzehnten sein würde, so wären doch die Dessauer mit dem „Schmutz und Schlamm der Mulde", vor allem mit den stinkenden Phenolen, schlimmer dran.

Wagte es dennoch jemand, in die Fluten zu steigen, so musste er sich nach dem Bade einer gründlichen Körperreinigung mit warmem Wasser und Seife unterziehen. Die Badefreuden waren dahin, der Niedergang der Flussbadeanstalten war besiegelt.

Nach 1945, als die Industrie in Schutt und Asche lag, lebte die alte Tradition nochmals kurz auf. Die Verschmutzungsquellen waren stillgelegt, die hohe Selbstreinigungskraft des Flusses tat ihr Übriges. Das Wasser in der Elbe soll wieder auffallend sauber gewesen sein.

Doch der Zustand währte nicht lange. Als die Industrie auf Touren kam und in beiden Teilen Deutschlands sowie der Tschechoslowakei die alten Anlagen wieder produzierten, verschlimmerte sich die Lage der Flüsse erneut. Hinzu kam der Mangel an Kläranlagen.

1953 musste das Dessauer Strandbad am Kornhaus geschlossen werden. Der hohe Phenolgehalt kann, so stellte das Bezirkshygieneinstitut damals fest, in Verbindung mit den anderen Verunreinigungen zu schweren Gesundheitsschädigungen führen.

Das Wittenberger Strombad wurde 1954 geschlossen, als die Abwässer der Braunkohlenindustrie über die Schwarze Elster in die Elbe kamen. Das Ende der Badeanstalten nahmen viele als Preis für den Fortschritt hin. Wer die Verschmutzung in der DDR öffentlich kritisierte, musste mit einer Anklage wegen „staatsfeindlicher Hetze" rechnen. So dauerte es fast bis zum Ende des 20. Jahrhunderts, ehe wieder an Elbbadefeste zu denken war.

Renaissance des Flussbadens?

Früher mussten Badeanstalten in der Stadt oder zumindest am Stadtrand gelegen und zu Fuß erreichbar sein. Heute spielen Entfernungen kaum noch eine Rolle. Man geht nicht mehr zum Baden, man fährt oder fliegt dorthin. Wozu noch im Fluss vor der Haustür baden?

Vielleicht, weil es ein besonderes Vergnügen, vielleicht, weil es schonender für die Mitwelt ist, in der Nähe statt in der Ferne zu baden! Immer mehr Menschen suchen im Sommer die Elbe auf, um ihre Reize kennen zu lernen. Sie lassen sich am Strand nieder und atmen die Ruhe ein. Einige wenige Wagemutige probieren sich im Baden oder Schwimmen und fragen sich: Ob das Wasser denn schon sauber genug ist?

Badegäste suchen Sandstrände, keine Schotterufer. Die Natur hat gut vorgesorgt und für die Elbe Sand vorgesehen. Doch der Trend ist noch ein anderer. Je schneller die Schiffe werden, desto stärker werden die Ufer durch Wellenschlag beansprucht. Folglich werden mehr und mehr Ufer durch Schotter und Schlacke befestigt. Wenn das Baden in der Elbe wieder eine Lust werden soll, ist eine Trendwende nötig.

Bis zur Freigabe der Elbe als Badegewässer wird noch einige Zeit vergehen. Dennoch, erste Flussbadefeste feiern Auferstehung, so in der Elbe bei Dresden und Dessau oder in der Saale bei Halle. Die Menschen wollen damit ein Zeichen setzen: Ein Fluss ist mehr als nur eine Wasserstraße. Er ist ein Ort der Begegnung mit der Natur, ein Platz zur Erholung und Genesung, dessen Zugang nicht verbaut werden darf.

Verschwiegene Buchten an der Elbe laden das Auge ein ...

Der Fährmann von Arneburg/Altmark bei der Arbeit. Zwischen Ablegen und Anlegen der Fähre wirft er die Angel aus.

Schwimmende Brücken „streicheln" den Fluss
Auf Seilfähren quert man die Elbe ohne Motor

Wie von Geisterhand gezogen treibt ein gutes Dutzend Seilfähren über die Elbe. Nach alter Überlieferung wird die Kraft des Flusses geschickt genutzt, um Menschen und Fahrzeuge über den Strom zu befördern. Andernorts schon dem technischen Fortschritt gewichen, wurden die Elbfähren gerade noch rechtzeitig als schützenswertes Kulturgut begriffen und vor ihrer Verschrottung gerettet. Es ist ein nachhaltiges Erlebnis, mit beschaulichem Tempo, ohne Lärm und Abgas, den Fluss „streichelnd" zu überqueren.

Anders als über eine Brücke fährt es sich auf einer Fähre. Es gleicht einem Schweben über den Fluss. Oder ist es ein Schwimmer? So oder so: Die Seilfähre ist ein Ort des Innehaltens. Das Lebenstempo verringert sich auf einen Bruchteil, die Maßeinheit ist der Mensch. Gleiten und fließen lassen, die Entdeckung der Langsamkeit ist Balsam für die Seele. Tief atme ich durch und nehme auf, nehme mit von der Kraft des Überflusses, einer Kraft, die mich trägt, die mich treibt, ohne anzutreiben.

Eine tragische Fährgeschichte

Es geschah am 1. April 1850 an der Elbe zu Barby. Der Fluss begann gerade, über seine Ufer zu treten. Das Frühjahrshochwasser war unterwegs. Über das Land fegte ein heftiger Frühjahrssturm. Der Wirbelwind heulte auf und peitschte über die Wasserfläche hinweg. Die Wellen schlugen hoch. Da kamen 30 Marktfrauen, die über den Fluss wollten. Sie hatten in Zerbst Gemüse verkauft und waren nach dem langen Weg und einem anstrengenden Tag nur von einem Wunsch beseelt, nämlich heimzukehren zu ihren Familien.
Jeden Menschen zog es bei diesem Unwetter nach Hause, und die Frauen, so glaubten sie, verlangten auch nur ihr gutes Recht. Doch die Fährleute weigerten sich, mit dem Fährkahn zum anderen Ufer überzusetzen. Der Sturm erschien ihnen zu gefährlich, sie schüttelten die Köpfe. Erst nach langem Überreden, wie es nur eine Schar junger Marktfrauen vermag, ließen sich die Fährmänner erweichen. Sie fühlten sich bei ihrer Ehre gepackt, fassten Mut und legten ab. Es war ein Kampf gegen Wind und Wasser. Mitten auf der Überfahrt schlugen Wellen über den Kahn. In panischer Angst stürzten die Frauen mit großem Geschrei

gleichzeitig auf die andere Seite des Kahnes und brachten ihn urplötzlich zum Kentern. Er überschlug sich, alle Frauen und sogar die Fährmänner wurden von der starken Strömung mitgerissen und ertranken. Schwimmen konnte zu jener Zeit kaum jemand. Nur ein einziger Mann überlebte das tragische Unglück. Er schaffte es, das gekenterte Boot zu erreichen und sich daran festzuhalten.
Es war das wohl schwerste Fährunglück auf der Elbe, was uns überliefert wurde.

Die Fähre – das „Nachrichtenblatt"

Fähren sind schon seit dem Mittelalter an der Elbe bekannt. Brücken hingegen hatte es damals über einen so breiten Fluss noch nicht gegeben, da das nötige Material und auch die Technik fehlten. So führten alle Wege zur Fähre. Wer die Elbe queren wollte, war auf eine Fähre angewiesen, wollte er nicht auf ein extremes Niedrigwasser warten und durch eine Furt, einen flachen Übergang, waten.
Diese Fährübergänge waren über Jahrhunderte Knotenpunkte des Handels und der Kommunikation. Hier erfuhren die Menschen Neuig-

Gierseilfähre in Coswig/Anhalt um 1910. Fußgänger und Handkarren statt Autos

Stilleben mit Gänsen vor der Gierseilfähre von Barby, 1996.

keiten und gaben sie weiter. Wer hat wen geheiratet? Wer ist wann gestorben? Auf diese Fragen waren an einer Fährstelle Antworten zu erhoffen.

Das Bedienen einer Fähre mit Rudern oder Staken war nur den stärksten Männern vorbehalten. Die Schwerstarbeit erforderte eine starke und eingespielte Mannschaft von Fährknechten.

Eine geniale Erfindung

Einer Revolution gleich kam die Einführung der sogenannten Gierseilfähren. Dahinter steckt die Idee, die Fähre vom Fluss selbst antreiben zu lassen.

Ein Holländer war es, Hendrick Heuck aus Nimwegen, der diese Methode im Jahre 1657 erfand. Er wollte damit den Verkehr über den Waal erleichtern.

Eine erste Fähre dieser Art wurde an der Elbe 1682 bei Roßlau gebaut. Fürst Johann Georg II. ließ diese Fähre errichten und zog den Baumeister Cornelius Ryckwaert hinzu. Den Antrieb bewirkt eine Schrägstellung der Fähre zur Strömung. Daher kommt auch der Name, denn unter „Gieren" verstehen die Seeleute eine Abweichung vom geraden Kurs. So drückt die Strömung des Flusses die Fähre von einem Ufer zum anderen. Für die Rückfahrt wird die Schrägstellung umgekehrt.

Fliegende Brücken

Mit den Gierseilfähren wurde eine Fahrt über den Fluss wesentlich erleichtert. Die sonst erforderliche halbe Stunde harter Knochenarbeit schrumpfte auf wenige Minuten mühelosen Übersetzens. Während die alten Ruderfähren mehr oder weniger stark abtrieben, kamen diese neuen Fähren – auf Grund ihrer festen Verankerung – immer wieder auf gleicher Höhe am anderen Ufer an. Die Gierseilfähren erhielten wegen ihrer Eleganz und Schnelligkeit – wen wundert's – die Bezeichnung „Fliegende Brücken".

Immer mehr Stak- und Ruderfähren wurden durch die damals moderne Technik ersetzt. Die über lange Jahrhunderte so wichtigen und bewunderten starken Fährknechte mussten sich fortan nach einer anderen Arbeit umsehen.

Die Gierseilfähren traten ihren Siegeszug durch ganz Europa an. Die Bedingung für ihren Einsatz ist lediglich eine ausreichende Fließgeschwindigkeit von mindestens zwei Kilometern pro Stunde – erfüllbar von allen größeren naturnahen Flüssen.

Gierseilfähren gerettet

Die hohe Zeit dieser Fähren währte nicht ewig. Mit jeder neuen Brücke verschwand eine Fähre. Hinzu kam im 20. Jahrhundert vielerorts der Bau von Staumauern. Viele Flüsse büßten dadurch die erforderliche Strömungskraft ein, die Existenzgrundlage der Gierseilfähren ging verloren. Wo dies nicht der Fall war, sah man die Gierseilfähren als Hindernis für die Schifffahrt an. Die Schiffe fuhren immer schneller. Zeit wurde kostbarer, die alte Fährtechnik stand im Wege. Vielerorts verschrottete man Gierseilfähren und ersetzte sie durch schnellere und wendigere Motorfähren. Nur an der Mittleren Elbe, vor allem in Sachsen-Anhalt, blieben noch Gierseilfähren aus der „guten, alten Zeit" übrig.

Mit der deutschen Vereinigung sollte auch die moderne Fährtechnik an der Elbe Einzug halten. Die altertümlichen, aber noch in Betrieb befindlichen „Museumsstücke" bekamen eine Übergangsfrist von acht Jahren gesetzt. Dann sollte ihre Zeit abgelaufen sein.

Doch die Menschen an der Elbe wollten ihre Fähren behalten. Das Land Sachsen-Anhalt, die Kommunen und die Umweltverbände engagierten sich für den Erhalt dieses bewährten Verkehrsmittels. So wurden die meisten Fähren nachgerüstet, damit sie den strenger deutschen Sicherheitsvorschriften schließlich genügten.

Heute können sich die Bewohner an der Elbe glücklich schätzen: Elf Gierseilfähren gibt es noch an der Elbe in Sachsen-Anhalt, zwei in Sachsen. An der Saale blieben zwei erhalten, gerade an dem letzten, frei fließenden Abschnitt, der noch nicht kanalisiert wurde.

Brambach – Blick von der Elbterrasse auf das Stromtal der Elbe.

Ökologisches Verkehrsmittel

Heute stellen die letzten erhaltenen Gierseilfähren eine touristische Attraktion dar. Es ist im wahrsten Sinne des Wortes wunderbar, wie beschaulich, mit einem besonderen Charme, völlig lautlos und scheinbar schwebend der Fluss überquert wird, ohne Fremdenergie und ohne Abgas. Genutzt wird eine Gratisleistung der Natur, die immer vorhandene Strömungskraft des frei fließenden Flusses, eine erneuerbare Energie im besten Sinne.

Und was die Sicherheit angeht: Es gibt wohl kaum ein Verkehrsmittel, das so gefahrlos betrieben wird, wie eine Gierseilfähre. Täglich nutzen Tausende von Fahrzeugen und Menschen diese Fähren an der Elbe. Manche Erfindungen unserer Vorfahren haben ihre Genialität bis heute bewahrt – die Gierseilfähren an der Elbe gehören dazu.

Zu Hause an der Elbe.

Stille, die staunen macht
Die Elbe bietet Raum für Ruhe und Besinnung

Kehre zurück zur Quelle und finde die Stille. Das ist der Weg der Natur.

(Lao Tse)

Wie verschieden doch die Flüsse sind! Beispiel Rhein: Städte drängen sich in dichter Folge, Verkehrstrassen führen zu beiden Seiten des Stromes entlang, Brücken queren den Fluss in engen Abständen, Industrieanlagen reihen sich aneinander, Gewerbezentren, Freizeitparadiese. Hier schlägt der Puls der Zeit. Hier gibt es alles, was ein Mensch braucht und was er nicht braucht. Nur die Stille ist ausverkauft. Lärm zog in das Land ein und mit ihm kamen die Neurosen.
Im Kontrast dazu die Elbe: Die Stille ist hier zu Hause. Der Mensch kann Natur noch spüren, die äußere wie die innere.

August. Er ist der Monat mit den leisen Tönen. Die Vögelchöre haben Pause, es wird nicht mehr gebuhlt und gebalzt, die Vogelehen sind „geschieden", der Nachwuchs „steht" auf eigenen Flügeln. Der Sommer klingt aus, es ist die hohe Zeit der kleinen Geschöpfe. Heupferde satteln auf den Halmen und vibrieren mit ihren kleinen Geigenstäben. Libellen schwirren am Ufer auf und ab und sonnen sich an den wärmsten Plätzen. Falter spannen ihre Schirme gen Süden. Ein Hummelschweber spielt Hubschrauber und nascht im stehenden Flug vom süßen Blütennektar. Schwebfliegen tanzen rhythmisch durch die Luft. Wie wohl das feine Surren meinen Ohren tut!
Am Abend kommen die Fledermäuse. Sie haben den langen Tag in den hohlen Bäumen verschlafen. Jetzt, im fahlen Mondlicht, flattern sie unhörbar über den Altarm der Elbe und sammeln Insekten zum Nachtmahl. Mit letzter Kraft und heiserer Stimme ruft ein Laubfrosch, so, als wolle er sich bis zum nächsten Frühjahr von mir verabschieden.

Wenig Menschen

In den Elbauen gibt noch im wahrsten Sinne des Wortes die Natur den Ton an. Über lange Strecken ist es einsam. Menschen sind rar, vor allem an der unteren Mittelelbe, von Magdeburg bis Lauenburg. Hier leben im Durchschnitt nicht mehr als 50 Personen auf einem Quadratkilometer. Ab und an hockt ein Angler schweigend am Ufer und starrt auf seine schwimmende Pose. Auch er findet die Ruhe, die er sucht. Die Wege entlang der Elbe sind unbefestigt, mal aufgeweicht vom Regen, mal rissig vor Trockenheit, aber immer uneben, im wahrsten Sinne des Wortes bewegt. Zum Wandern und Radeln gerade gut genug. Die großen Verkehrsströme gehen an der Elbe vorbei. Noch.

Was ist uns Stille wert?

Die neuen Eroberer kommen. PS-starke Motorjachten kreuzen mit hohem Tempo den Fluss. Gewaltig heulen die Motoren auf, ziehen eine Abgasfahne hinter sich her und rauben der Landschaft ihre Ruhe. Nicht nur zu Wasser, auch zu Lande gibt es den Trend zur grenzenlosen Mobilität. Immer mehr Autos fahren quer über die Elbwiesen. Die Werbebotschaft der Landrover nennt sich Unabhängigkeit. Verbotsschilder werden ignoriert. Mit der Stärke unglaublich vieler Pferde geht es querfeldein, da gibt es kein Halten, kein Umkehren. Natur kommt unter die Räder. Zermalmt die Blüten, überfahren der Moorfrosch, die Eidechse, die Ringelnatter.
Auch die großen Planungen gehen weiter. Der Wege- und Straßenbau nimmt zu. Flächen in jeder Himmelsrichtung sollen leicht und schnell erreichbar sein. Überall wird Bedarf angemeldet. Brücken sollen her, die langsamen Fähren ersetzen. Die Grenze, die der Fluss gezogen hat, sie stört.
Wo bleibt das Maß? Was ist uns Stille wert? Macht sie uns Angst? Könnte sie uns nicht eher gesund machen?

„Eistörtchen mit Sahne": Bei anhaltend strengem Frost wird das Treibeis auf der Elbe immer dichter. Die Schollen stoßen aneinander und formen sich zu runden Törtchen. Besonders an windstillen Tagen ist das leise Knirschen der Eiskristalle zu hören.

Morgennebel über dem Elbtal. Blick vom Königstein auf den Lilienstein, Sächsische Schweiz.

Spiegelbilder im Hochwasser.

Hubschrauber der Stille: Der Hummelschweber ist ein Flugkünstler der Elbauen. Er kann „stehend" fliegen und dabei Blütennektar saugen – und das alles völlig lautlos.

Auf der Suche nach Libellen – Exkursion durch die Elbauen.

Wo Menschen ihren Fluss beschützen
Widerstand an Donau, Loire und Elbe

Um zur Quelle zu kommen, musst Du gegen den Strom schwimmen.
(Stanislaw Jerzy Lec)

Die Geschichte vom Schutz der Flüsse ist lang, sofern es um sauberes Wasser geht.

Jüngeren Datums ist die Bewegung für lebendige Flüsse. Sie ist die Bewegung gegen starren Verbau, gegen Mauern, Stahl und Beton.

An der Donau bei Wien gelang der endgültige Stopp der Staustufe Hainburg. An der Loire haben Menschen ihren Fluss mit Erfolg besetzt und ihn vor einem neuen Staudamm bewahrt. Nun stehen Elbe und Saale im Brennpunkt: Hier treffen sich seit Jahren Flussschützerinnen und Flussschützer, um durch kreative Aktionen die lebenserhaltenden Kräfte zu mobilisieren.

Man kann einen Fluss vermessen und berechnen. Man kann ihn aber auch verstehen lernen, sich einfühlen in sein Wesen. Jahrzehnte habe ich die Last der Elbe, den ihr aufgebürdeten Schmutz und Gestank mitgetragen. Mir stockte der Atem, als ich früher in ihre Nähe kam, ihr Wasser verdunkelte meinen Blick. Die Ohnmacht lag auf beiden Seiten. Dann kam die Wende. Die Last fiel ab, vom Fluss und von mir. Ich verspürte Erleichterung, Hoffnung auf ein neues und freieres Leben. Doch als die Bagger an den Fluss kamen und Steine über Steine auf ein sandiges und wehrloses Ufer schütteten, packte es mich. Und ich hörte, wie die Elbe rief.

Neues Flussbewusstsein

Lange, viel zu lange, haben Menschen zuschauen müssen, wie ihren Flüssen ein Korsett nach dem anderen verpasst wurde. Lange Zeit war es üblich, Flüsse zu bloßen technischen Objekten zu degradieren, zu Wasserstraßen für möglichst große Schiffe und zu Vorflutern für einen raschen Abfluss. Stein und Schlacke, Stahl und Beton verdrängten natürliche Ufer. Die Monotonie des Reißbrettes setzte der Verspieltheit der Natur ein Ende. Das Bild von einem lebendigen, natürlichen Fluss drohte, in Vergessenheit zu geraten, zu erlöschen.

Seit zwei Jahrzehnten zeichnet sich ein Wechsel, eine Hoffnung ab. Menschen schauen ihre Flüsse wieder genauer an. Sie sehen, was ihnen angetan wurde, und sie nehmen wahr, was sie noch zu verlieren haben. Der Widerstand gegen überholtes, starres und einseitiges Ausbau-Denken wächst. Ein neues Flussbewusstsein entsteht. Der Fluss wird wieder begriffen als etwas ganz Eigenes und Unersetzliches.

Durchbruch an der Donau bei Wien

Die Donau unterhalb Wiens war der erste große Schauplatz. Hier hatte man den Neubau einer weiteren Staustufe schon genehmigt, zur Verbesserung der Schiffbarkeit und zur Stromgewinnung, wie es hieß. Der Auwald von Hainburg sollte unter die Axt kommen. Als die ersten Motorsägen in kalten Dezembertagen des Jahres 1984 aufheulten, kamen Tausende Donauschützer in ihre „Au", um sie zu verteidigen. Viele Menschen demonstrierten eindrücklich ihre Verbundenheit, indem sie sich an jene Bäume anketteten, die fallen sollten. Prominente Künstler, Schriftsteller und Wissenschaftler engagierten sich und kritisierten die regierenden Politiker öffentlich in aller Schärfe. Um den Weihnachtsfrieden nicht zu gefährden, wurden die Arbeiten ausgesetzt. Bis heute. Der Gipfel des Erfolges: Inzwischen wurden die Donauauen in diesem Abschnitt zum österreichischen Nationalpark erklärt.

Sieg für die Loire

An der Loire sollte Ende der achtziger Jahre ein neuer Staudamm errichtet werden.

Mit der Flutung des Tales wäre eine wunderschöne Flusslandschaft versunken, wie schon viele Täler zuvor. Ein Tal mehr oder weniger, was macht das schon? „Umweltfreundliche" Energie sollte doch gewonnen werden. Wäre das nicht ein Gewinn für alle, für Mensch und Natur? Viel zu oft sind Menschen auf diese schönen Versprechungen hereingefallen, und Stück für Stück verloren die Loire und viele andere Ströme ihren ureigenen Charakter. Damit sollte nun Schluss sein, so die Forderung von *SOS Loire vivant*, einer breiten Bewegung gegen den Staudamm. Engagierte Menschen bauten ein Hüttendorf am Ufer der oberen Loire bei Le Puy, genau dort, wo die Staumauer errichtet werden sollte. Fünf lange Jahre, vom Februar 1989 bis April 1994 währte

10 000 Menschen demonstrieren für ihren Fluss: Widerstand in Besançon/Frankreich gegen den Bau des Rhein-Rhône-Kanals im Jahre 1996 – mit Erfolg. Der Kanal wurde nicht gebaut.

Lernen am Fluss: So kann Naturwissenschaft nachhaltig und mit allen Sinnen erfahren werden.

Internationales Elbe-Saale-Camp: Seit 1993 treffen sich jeden Sommer FlussschützerInnen an der Elbe bei Barby, um sich für lebendige Flüsse zu engagieren.

Brennpunkte Elbe, Saale und Havel

Bedrohlich für das Schicksal aller ostdeutschen wie auch osteuropäischen Flüsse ist das Verkehrsprojekt Deutsche Einheit Nr. 17, der Ausbau der Wasserstraße Hannover-Berlin. Dieser Wasserweg, für 1000-Tonnen-Schiffe seit über einem halben Jahrhundert bereits befahrbar, soll für Schiffe mit 2000 Tonnen ausgebaut werden, für sogenannte Großmotorgüterschiffe also. Das könnte der Anfang vom Ende für Elbe, Havel und Oder sein, der Ausbaudruck nähme in jede Richtung zu. Elbe und Saale sind derzeit wohl die umstrittensten Flüsse in Deutschland. Mit ihrem weiteren Ausbau ist nichts zu gewinnen, aber alles zu verlieren. Die Schifffahrt ist kaum nennenswert. Während auf dem Rhein 200 Millionen Tonnen Güter im Jahr bewegt werden, sind es auf der Elbe nicht einmal zwei Prozent davon. An der Saale müssen wir gar eine halbe Woche ausharren, ehe wir einem ersten Schiff „Ahoi!" zurufen können. Mehr Güter werden es vermutlich auch nicht werden. Die Siedlungs- und Industriedichte im Elbe-Raum ist mit jener in der Rheinachse absolut nicht vergleichbar. Hinzu kommt der allgemeine Strukturwandel in der Wirtschaft. Die für die Binnenschifffahrt interessante Massengüterindustrie ist im Abwärtstrend. Informations- und Dienstleistungstechnologien treten an ihre Stelle, die mit 1000-Tonnen-Schiffen wenig anfangen können.

Alternativen zum Elbausbau

1995 traten Umweltverbände mit dem Konzept „Flüsse zwischen Ost und West" an die Öffentlichkeit – eine Art Marschall-Plan für die ostdeutschen Flüsse. Vorhandene Kanäle nutzen, Flüsse schonen, so lautete die Grundforderung zum Schutz der letzten, noch naturnahen ostdeutschen Flüsse.

Ein Jahr später haben unter der Moderation der *Dr. Michael Otto Stiftung* die Umweltverbände NABU, BUND, WWF und EURONATUR mit dem Bundesverkehrsminister eine Elbe-Erklärung unterzeichnet. Danach soll der ökologische Reichtum der Elbe erhalten und vermehrt werden. Statt die Elbe durch Baumaßnahmen weiter zu beeinträchtigen, ist als bessere Alternative für die Schifffahrt der Elbe-Seitenkanal zu ertüchtigen. Die Erklärung harrt allerdings einer konsequenten Umsetzung. Obwohl der Elbe-Seitenkanal daraufhin für die Schifffahrt verbessert und Engpässe beseitigt wurden, verfolgen Politik und Behörden weiterhin die Pläne zum Elbe-Ausbau, so zum Beispiel im Bereich der ehemaligen Grenzelbe.

die Besetzung, im Sommer wie im Winter. Nach harten und leidenschaftlichen Auseinandersetzungen haben die Flussschützerinnen und Flussschützer, vor allem aber die Loire gewonnen. Der Staudamm wurde nicht gebaut, die Loire konnte ein Stück ihrer Freiheit behalten.

Tauziehen um die bayerische Donau

In Deutschland gehen die Uhren etwas nach. Während in vielen anderen Industrieländern Flüsse nicht mehr ausgebaut werden, soll es in Deutschland nach altem Strickmuster – Schotter links, Beton rechts – weitergehen.

Die letzten frei fließenden 70 Kilometer der bayerischen Donau zwischen Straubing und Vilshofen sollen noch zwei Staustufen erhalten, für gigantische Schiffe und für „billige" Wasserkraft. Das Isarmündungsgebiet, eine einzigartig wertvolle Flussaue, würde dadurch erheblichen Schaden nehmen. Flussschützer, Bauern und Geistliche wehren sich seit Jahren dagegen – bisher mit dem Erfolg des Zeitgewinns.

Schutzbedarf besteht auch für die Elbe zwischen Magdeburg und Dresden, wo kein Seitenkanal als Alternative vorhanden ist, aber die größten erhaltenen Auenwälder vor nachteiligen Flussbaumassrahmen und Wasserstandsveränderungen zu bewahren sind. Hier steht das Schienennetz für einen umweltverträglichen Gütertransport zur Verfügung.

Flussgeister werden gerufen

Die Menschen an der Elbe kennen ihren Fluss. Mehr noch, sie lieben ihn, wie er ist: frei fließend, naturnah und lebendig. Durchgeführte Umfragen belegen, dass mehr als drei Viertel der Bevölkerung einen Ausbau ihrer Flüsse Elbe und Saale ablehnen.

Schon 1992 begann der Widerstand. Eine symbolische Staustufe wurde in Magdeburg errichtet, um auf den drohenden Ausbau am Domfelsen aufmerksam zu machen. Ein Jahr danach, als der Bundestag über den Verkehrswegeplan und damit über den Wasserstraßenausbau abzustimmen hatte, wurde zu einer außergewöhnlichen Aktion aufgerufen: Fasten für die Elbe. Zwar wurde ein Ausbau dennoch beschlossen, die Öffentlichkeit war jedoch sensibilisiert.

Seit 1993 findet jährlich ein Internationales Elbe-Saale-Camp statt. FlussschützerInnen aus Ost und West begegnen sich in Barby, wo die Saale in die Elbe mündet. Mit spektakulären Aktionen wird auf die Bedrohung der Flüsse bei weiterer Umsetzung der Ausbaupläne aufmerksam gemacht. Schwarz verhüllte „Klageweiber" drückten mit bleichen Gesichtern ihre Sorge um die Flusslandschaften aus. Durch „Bo(o)tschaften" an die Politiker wurde die Streichung der Ausbaupläne verlangt. Ein „Trommeln für die Elbe" mobilisierte zum Engagement für eine lebendige Elbe und Saale. Mit symbolischen Flussbesetzungen artikulierten die FlussschützerInnen ihren Anspruch auf Mitbestimmung, wenn es um das Schicksal der Flüsse geht. Selbst „Flussgeister" und „Elbtotems" wurden als Symbole einbezogen, um den Fluss in seinem ganzen Reichtum zu beschützen.

Elbtotem: Die aus Treibholz gestalteten Skulpturen sollen symbolisch über das Wohl der Elbe wachen.

Flüsse brauchen Freiraum: Ein lebendiger Fluss will arbeiten. Nicht jede durchgerissene Buhne muss wieder neu geschottert werden. Mehr Mut zum Experiment ist gefragt, zum Nutzen für die Natur und für den Finanzhaushalt.

Eine Umkehr ist (noch) möglich
Die Elbe bietet eine neue Chance

An der Elbe war die Zeit scheinbar stehen geblieben. Geht es jetzt darum, den Dornröschen-Fluss mit großen Baumaschinen „wach zu küssen", den Rückstand aufzuholen? Oder kommt es vielmehr darauf an, die an anderen Flüssen gemachten Fehler nicht zu wiederholen und den Fluss in seinem eigenen Wesen zu achten?
Wir müssen einen neuen und respektvolleren Umgang, ein gedeihliches Miteinander mit unseren Flüssen suchen. Vielleicht finden wir diesen Weg an der Elbe?

Mir träumte, die Elbe wäre neu geboren. Gefüllt mit klarem Wasser aus dem Schoß der Erde, voller Fische und springender Lachse. Ein Flusskind mit lächelndem Gesicht, reich an Inseln, die wie neugierige Augen in den Himmel leuchten. Ein kleines, aber wachsendes Lebewesen, mit immer neuen Konturen, mit schwungvollen Ufern und ausladenden Sandstränden. Eine Flussjungfrau, die Menschen anzieht, sie einlädt; jenen Zutritt gewährt, die nackten Fußes mit ihr spielen. Eine Flussfrau, groß und reif geworden, die weiß, wohin sie will, die den Wald durchströmt, die junge Bäume nährt und Wiesen tränkt, Frösche gebiert und Störche sättigt. Eine starke Frau, die auch manchen Baum entwurzelt, ihn mitreißt und wieder loslässt. Eine Flussfrau, die kein Korsett erträgt, die ihre Freiheit liebt und ihre Fülle schätzt.

Freiheit für unsere Flüsse

Ein ganzes Jahrhundert und länger wurden unsere Flüsse gebändigt, eingeengt, begradigt, zurückgedrängt, in Fesseln gelegt. Die Herrschaft über die Natur war das erklärte Ziel. Lange glaubte man, auf dem rechten Weg zu sein.
Doch diese Art von Herrschaft kam und kommt teuer zu stehen. Zum einen hat die Natur ihren Tribut entrichten müssen. Aus lebendiger Vielfalt wurde verarmte, ja, gefährliche Einfalt. Pflanzen, Tiere und ihre Lebensräume wurden vernichtet, und auch die Hochwassergefahr ist gewachsen. Hinzu kommt, dass die naturferne Einfalt instabil ist. Jeder Fluss fließt gegen die Bauwerke an, die ihm im Wege stehen. Wo der Mensch begradigt hat, sucht der Fluss nach neuen Schleifen; wo der Mensch geschottert hat, räumt der Fluss die Steine fort; wo dem Fluss Mauern im Wege stehen, drückt er dagegen an. Wo ihm zu enge Deiche den nötigsten Überflutungsraum stehlen, will er sie sprengen. Unablässig, ob wir es wünschen oder nicht, ist die Natur dabei, das aus ihrer Sicht falsche Menschenwerk zu beseitigen.

Die Sicherung der widernatürlichen Zustände an den deutschen Flüssen kostet Jahr für Jahr – ohne Hochwasserschutz – ein bis zwei Milliarden Mark. Reparaturen und laufende Unterhaltung nehmen an begradigten und kanalisierten Flüssen kein Ende. Je stärker und unnatürlicher ein Fluss ausgebaut ist, desto mehr Aufwand muss betrieben werden, diesen instabilen Zustand aufrechtzuerhalten.

Heute wissen wir: Begradigungen und Staumauern sind Projekte von gestern, sie „regulieren" nicht nur, sie töten einen Fluss. Nicht das gleichmäßige Einerlei, sondern das Leben in Extremen liegt in der Natur der Flüsse. Sie müssen frei fließen können. Sie brauchen genügend freien Raum, um ausufern zu können, um letztlich auch den Menschen Sicherheit zu geben.

Die verlorene Unschuld der Schifffahrt

Die Schifffahrt ist keineswegs, wie immer wieder behauptet wird, das umweltfreundlichste aller Verkehrsmittel. Immer dann, wenn ein Fluss eingeschnürt oder gar gestaut wird, um größeren Schiffen freie Fahrt einzuräumen, immer dann wird auch Natur, oft kostbarste und unersetzliche, zerstört. Von umweltfreundlicher Schifffahrt kann dann keine Rede mehr sein, es wäre Ignoranz oder Lüge. Naturzerstörung und Umweltfreundlichkeit sind unvereinbar.

Die Schifffahrt muss sich dem Fluss anpassen, erst dann kann sie das Etikett „umweltfreundlich" tragen. Nicht jede Schiffsgröße ist für jeden Fluss geeignet. Der Trend, alle Flüsse für das große Einheitsschiff herzurichten, ist ein teurer technokratischer Ansatz und bedeutet für die meisten Flusslandschaften den Ruin. Angepasste Lösungen müssen her. Der Rhein mit seinem Sommerhochwasser ist von der Elbe mit ihrem Sommerniedrigwasser grundverschieden. Das Europaschiff ist nicht das Maß aller Flüsse. Die Flüsse sollten vielmehr das Maß für die Schifffahrt vorgeben. Wenn aber angeblich nur Europaschiffe mit 2,50 Meter Tauchtiefe wirtschaftlich sind, dann können diese Schiffe eben nur dort

Die letzten 20 Saale-Kilometer sind noch frei fließend. Wenn die wertvollen Auenwälder bewahrt werden sollen, muss auf den Bau der Staustufe verzichtet werden.

verkehren, wo die natürlichen Bedingungen dafür vorhanden sind. Auf der Elbe ist das nicht der Fall.

Der politische Skandal

Jede Erfindung hat ihre guten und ihre schlechten Zeiten. Die Postkutscher mussten ihre Pferde ausspannen, als die Eisenbahn die Transporte schneller und besser bewältigte. Ähnlich ergeht es heute der Elbschifffahrt. Ihren Höhepunkt erlebte sie vor dem Ersten Weltkrieg mit fast 18 Millionen Jahrestonnen. Seither geht es kontinuierlich bergab. Drei bis vier Millionen Tonnen werden gerade noch pro Jahr befördert. Obwohl im Laufe des 20. Jahrhunderts immer mehr Geld in die Verbesserung der Schiffbarkeit der Elbe geflossen ist, wurden immer weniger Güter transportiert. Der wirtschaftliche Niedergang dieses Verkehrsweges ist für jeden offensichtlich. Die Binnenschifffahrt hat aber auch dann ihren Zenit überschritten, wenn ihr Drang nach immer größeren Schiffen die Zerstörung ganzer Flusslandschaften nachsich zieht.

Warum sollte im 21. Jahrhundert allen Erkenntnissen zum Trotz – den wirtschaftlichen wie den ökologischen – der Ausbau weiter vorangetrieben werden?

Es drängt sich der Eindruck auf, dass Elbe und Saale ausgebaut werden sollen, weil Flüsse schon immer ausgebaut wurden. Genügt das als Begründung, um Hunderte von Millionen Mark für Elbe, Saale und Havel auszugeben? Wer kann daran Interesse haben?

Die für Wasserstraßen zuständige Behörde ist es, die den sogenannten Ausbaurückstand feststellt. Interessant ist die Größe dieser Bundesbehörde. Sie beschäftigt bundesweit 18 000 Mitarbeiter – bei nur 6 000 Binnenschiffern! So wird jeder deutsche Binnenschiffer von drei deutschen Angestellten verwaltet. Statistisch gesehen sitzt an jedem Elbkilometer ein Verwalter und wacht über den Verkehrsfluss, den es kaum gibt.

Wen wundert's, wenn die Verwalter sich und die Wasserstraßen wichtig machen wollen? Wen wundert's, dass sie immer wieder mit neuen Baumaßnahmen aufwarten, die angeblich unbedingt notwendig sind? Jede untergehende Branche kämpft um ihr Überleben. Doch die Entscheidungen über Sinn und Unsinn haben die Politiker und nicht zuletzt die Steuerzahler zu treffen, schließlich werden Steuergelder verbaut und Natur geopfert. Sehr lange (zu lange!) haben die regierenden Politiker den nicht enden wollenden Ausbauwünschen der Behörde und auch mancher Wirtschaftszweige nachgegeben.

Doch nicht alle Wünsche sind erfüllbar. An unseren Flüssen, in unserer Flusspolitik ist ein Schnitt fällig. Drastische Einsparungen und eine rigorose Verschlankung der Wasser- und Schifffahrtsbehörde wäre nicht nur für die öffentlichen Kassen, sondern auch für die Flüsse ein wahrer Segen.

Die Wasserstraße ist ersetzbar, der Fluss nicht

Die Schifffahrt ist keineswegs das einzige Verkehrsmittel für den Gütertransport. Die Bahn steht als umweltverträglichere Alternative bereit. Sie verfügt gerade im Osten Deutschlands über ausreichend freie Kapazitäten und muss dringend stärker genutzt werden, soll das vorhandene, dichte Schienennetz nicht weiter stillgelegt werden. Die Schiene braucht den Güterverkehr, um bestehen zu können, die Flüsse nicht! Den Verkehr vom Fluss auf das Schienennetz zu verlagern, ist volkswirtschaftlich und ökologisch sinnvoll, es spart Gelder und rettet Flüsse.

Die Wasserstraße Elbe ist ersetzbar, der Fluss Elbe ist unersetzlich.

Ökoburg Lenzen: Hier baut der Bund für Umwelt und Naturschutz Deutschland (BUND) ein Zentrum für Auenökologie auf. An diesem Ort werden neue Ideen für einen besseren Umgang mit Flüssen geboren.

Eine Burg für die Elbe

An der Elbe finden sich an beiden Ufern Burgen und Schlösser in verträumter Schönheit. So steht auch im brandenburgischen Städtchen Lenzen eine kleine mittelalterliche Burg, eingebettet in eine weite, Jahrhunderte alte Kulturlandschaft. 1993 fiel dieses Bauwerk als Schenkung an den Bund für Umwelt und Naturschutz Deutschland in Niedersachsen. Nicht alltäglich ist der Panoramablick vom Burgturm in die reizvolle Umgebung. Er ist als „Vierländerblick" bekannt, weil von diesem Ort vier Bundesländer gesehen werden können. Umgeben von einer historischen Parkanlage erwartet eine Burgklause ihre Gäste. Wer hier übernachtet, bekommt im Frühjahr ein unglaublich vielstimmiges Nachtigallen-Konzert vorgeführt. Nicht weniger stimmungsvoll ist der Morgen, wenn die Aue um Lenzen mit ihren Störchen und seltenen Wiesenvögeln zum Entdecken und Geniessen einlädt.

Nach Abschluss ihrer Restaurierung soll die Burg zu einem europäischen Zentrum für Auenökologie werden – ein Symbol für das europaweite Anliegen einer zukunftsfähigen Entwicklung und den Erhalt

Wassereiche, mehrere Tausend Jahre alt

Flüsse für unsere Kinder

Vieles wurde in der Vergangenheit nicht bedacht, vieles hatte man nicht gewusst, oder wollte es nicht mehr wissen, hatte es verdrängt. Flüsse sind sehr viel mehr als nur Wasserstraßen und nur Verkehrsträger, sie sind lebendige Ökosysteme, einmalig, und einzigartig. Veränderung und Dynamik gehören zu den grundsätzlichen Eigenschaften, zum Wesen eines jeden Flusses. Alles Leben in ihm und an ihm hat sich darauf eingestellt.

Die neuen wie die alten Erkenntnisse der Flussökologie erfordern heute nicht nur eine andere Sicht, sondern einen neuen Umgang. Was ist zu tun?

Mehr zulassen statt zubauen, könnte das Leitmotiv sein.

Der bisherige Kampf gegen die Flüsse ist eine sinnlose und vor allem teure Sisyphus-Arbeit. Wiedergutmachung steht an: Renaturieren statt Kanalisieren. Ufer entsiegeln statt Ufer schottern. Abgetrennte Flussarme an den Strom anschließen statt Kurven begradigen. Stauwehre sprengen statt neue planen.

Im Vergleich zu anderen Flüssen liegt die Elbe vorn. Nicht alle Sünden wurden hier begangen. Dennoch gibt es für einen dauerhaft lebendigen Fluss noch viel zu tun. Das im Laufe von 100 Jahren angelegte Korsett muss wieder gelockert werden. Vor allem ist die verheerende Eintiefung des Flussbettes zu stoppen und, wenn irgend möglich, umzukehren, um die Auen zu retten und langfristig zu sichern – eine große Herausforderung und eine dankbare Aufgabe für einen wirklich modernen Wasserbau, der die Zeichen der Zeit erkennen will.

Kleine Schritte können sofort in Angriff genommen werden. Umgestürzte Bäume sollten am Ufer und im Flachwasser liegen bleiben. Sie gehören in eine intakte Flusslandschaft hinein und müssen nicht immer wieder entfernt werden. Sandbänke müssen nicht weggebaggert werden. Lebendige Ufer kann man so belassen, wie sie sind, statt sie immer wieder mit totem Schotter einzudecken.

Das Schicksal unserer Flüsse und ihrer Bewohner hängt von uns Menschen ab. Die Pflanzen und Tiere des Flusses, die Lachse und die Libellen, die Störche und die Biber, die Silberweiden und die Eichen brauchen – wie wir Menschen auch – einen angemessenen Lebensraum. Und nicht zuletzt haben unsere Kinder, die geborenen und noch ungeborenen, ein Recht darauf, lebendige Flüsse erleben zu dürfen.

Es geht um die Zukunft unserer Elbe, unserer Flüsse überhaupt. Noch haben wir die Wahl. Eines steht aber jetzt schon fest: Wir haben keinen Fluss mehr zu verschenken.

naturnaher Flusslandschaften. Bald wird die komplette Burg ihre Tore für alle diejenigen öffnen, die mehr über die Elbe und ihre Wunder erfahren wollen.

Sturzbäume gehören zum lebendigen Fluss. Nicht nur an Altarmen, auch am Strom selbst sollen sie künftig einen Platz haben.

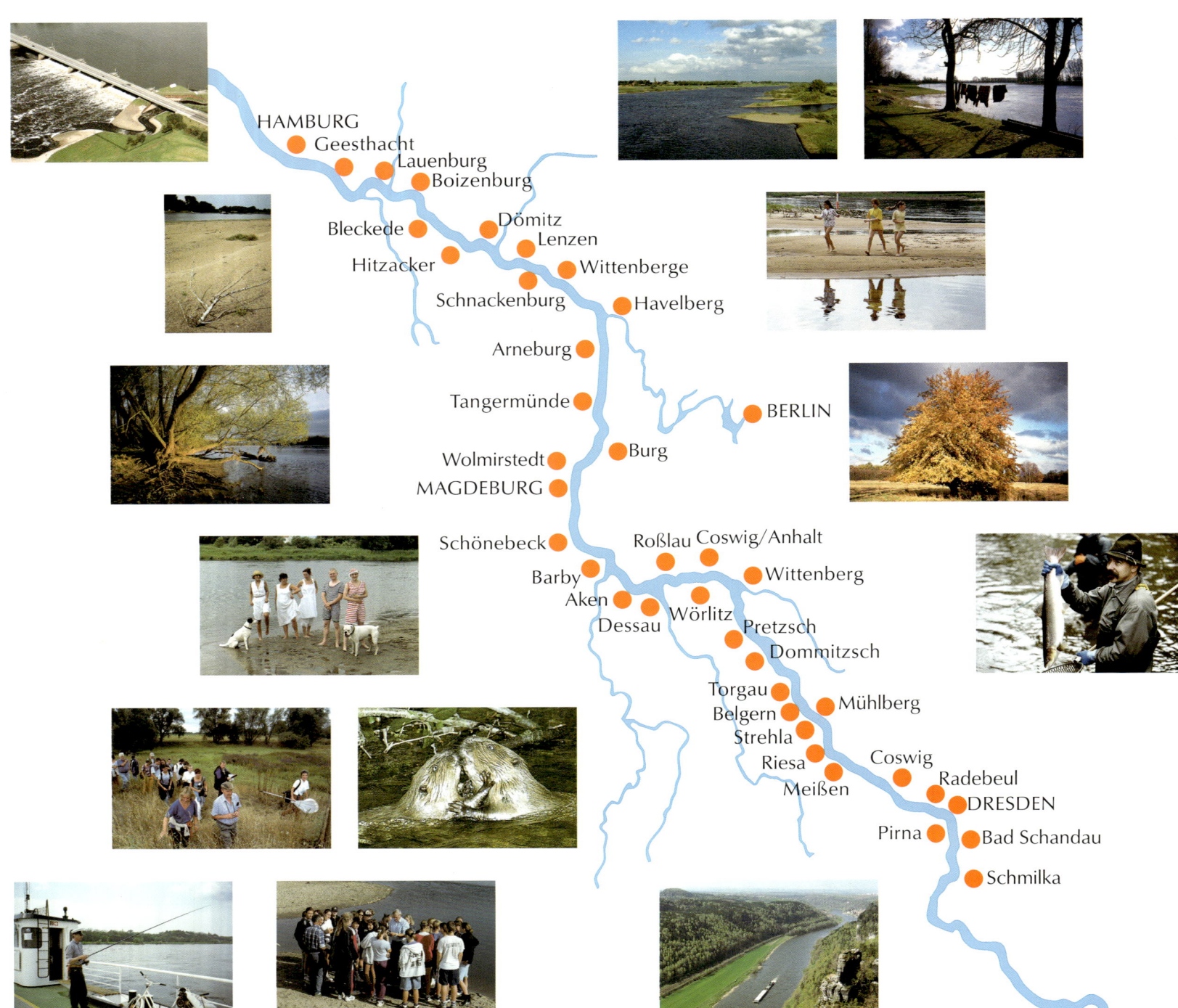

HAMBURG
Geesthacht
Lauenburg
Boizenburg
Dömitz
Bleckede
Lenzen
Hitzacker
Wittenberge
Schnackenburg
Havelberg
Arneburg
Tangermünde
BERLIN
Wolmirstedt
Burg
MAGDEBURG
Schönebeck
Roßlau Coswig/Anhalt
Barby
Wittenberg
Aken
Wörlitz
Dessau
Pretzsch
Dommitzsch
Torgau
Mühlberg
Belgern
Strehla
Coswig
Riesa
Radebeul
Meißen
DRESDEN
Pirna
Bad Schandau
Schmilka

Danksagung

Die „Wunder der Elbe" konnten nur deshalb in dieser Form erscheinen, weil mir viele Menschen zur Seite gestanden haben. Besonderer Dank gebührt folgenden Personen und Institutionen

Gila Altmann
Stephan Arnold
Walter Basan (†)
Dr. Sigrid Bärsch
Ralf Uwe Beck
Dr. Nikolaus Behrens
Holger Benkel
Dr. Herbert Bode
Heike Brückner
Dr. Gerda Bräuer
Rocco Buchta
Dietrich Bungeroth
Regina Czerny
Anne Dörfler
Heiner Dörfler
Kurt Doser
Dr. Astrid Eichhorn
Roberto A. Epple
Bettina Flämig
Marco Gadge
Klaus Garber
Ulrike Gisbier
Reinhard Günzel
Eva Haak
Dr. Thomas Hartmann
Oliver Hasse
Heidrun Heidecke
Ulrich Heise
Prof. Dr. Peter Hentschel
Tino Höpner
Peter Ibe
Dr. Sabine Jambon
Karl-Heinz Jährling

Adrian Jonst
Dr. Mechthild Kaatz
Dr. Christoph Kaatz
Willi Kannegießer
Heiko Koch
Gottfried Kohlhase
Helga Korodi
Almut Koenigs
Eckhard Krüger
Barbara Langrock
Annette Leipelt
Steffi Lemke
Winfried Lücking
Prof. Dr. Volker Lüderitz
Brigitte Meißner
Christiane Melchert-Hüter
Prof. Dr. Rainer Mönig
Kerstin Müller
Martin Müller
Hartmut Neuhaus
Dr. Frank Neuschulz
Maria Nitzschke
Dr. Gunter Otto
Mario Peine
Holger Platz
Lia Pirskawetz
Dr. Gerd Pfeiffer
Christine Primbs
Martin Primbs
Georg Rast
Jutta Röseler
Dr. Heinz Schlapkohl
Heinrich Schmäche
Ramona Schmied-Hoboy
Matthias Scholz
Dr. Jutta Schölzel
Hildegard Schönherr
Ilse Schumann †
Dr. Ulrich Schumann

Eckart Schwarze
Dr. Bernd Simon
Wolf Spillner
Hilde Strauß
Dieter Spott
Bernd Staschull
Günther Steinke
Petra Stolze
Inge Tharan
Prof. Dr. Gerhard Thielcke
Erika Tipke
Ernst Tipke
Horst Volkhammer
Dr. Uwe Wegener
Karl Wegmann
Karin Weinmann
Oliver Wendenkampf
Marie-Luise Werwick
Brunhilde Willmann
Ursel Windisch
Elke Zaddach
Dr. Rolf Zimmermann
Dr. Gisela Zander
Maria Zander
Dr. Günter Zinke
Dr. Uwe Zuppke

AFS Interkulturelle Begegnungen e.V.
      Hamburg
Hotel Garni, Am Schwanerteich Wittenberg
Bauplanung − Baustatik + Bauphysik
      Glinde/Elbe
BUND Sachsen-Anhalt e.V.
BUND Rheinland Pfalz e.V.
BUND e.V. Bundesgeschäftsstele Berlin
BUND Anhalt - Zerbst
BUND Berlin

Paddelabenteuer

BUND Dessau
BUND Lutherstadt Wittenberg
BUND Lüchow-Dannenberg
BUND Lüneburg
BUND Magdeburg
BUND Niedersachsen e. V.
BUND - Zentrum für Auenökologie Burg Lenzen
Bund Naturschutz, Bayern e. V.
Bündnis 90/Die Grünen Dessau
Cranach-Stiftung e.V. Lutherstadt Wittenberg
Frank Demmler, Foto Express Dessau
Einkaufsgemeinschaft Zahna
Elbehofprojekt Wahrenberg
European Rivers Network
Förder- und Landschaftspflegeverein Biosphärenreservat „Mittlere Elbe" e.V. Franzisceum Zerbst
Fremdenverkehrsbüro des Landkreises Wittenberg
Gaststätte Fährhaus Aken
Gaststätte „Zum Biber" Steckby
Goethe-Gymnasium Roßlau
Karl-Kaus-Stiftung, Projektbüro Alandniederung
Landesheimatbund Sachsen-Anhalt e.V.
Landkreis Anhalt Zerbst
Landschaftskartierung & Planung Ingenieurbüro Steutz
Lotto-Toto GmbH, Sachsen-Anhalt
NABU-Besucherzentrum Elbtalaue Dömitz
NABU-Besucherzentrum Rühstädt
NABU Jessener Land
NABU Sachsen-Anhalt e. V.
NABU Wittenberg
Öko&Plan, Landschaftsplanung Plossig
Öko-Zentrum und -Institut Magdeburg (ÖZIM)
Paddelabenteuer Wittenberg
Storchenhof Loburg
Storchenmühle Steckby
Tourist-Info und Elbtalhaus Bleckede
WOSAB Sanierungsberatung GmbH Wolfen
Umweltforschungszentrum (UFZ) Leipzig – Halle
- Ein Forschungsschwerpunkt des UFZ ist die Fluss- und Auenökologie
Volksbank Magdeburg e. G.
Harald Wetzel, Werbe & Media Partner GmbH Dessau

Bildnachweis

Dr. Ernst Paul Dörfler:	Titelbild vorn 6, 8, 14 (2), 15, 16, 18, 19, 20, 21, 22, 24 rechts, 27 (4), 28, 30 links, 32, 33, 34, 37, 38, 40, 42, 47, 48, 50 (2), 51 (2), 55, 56 links, 57 (3), 58, 60 (2), 61 (2), 62 links, 62 rechts unten, 67 oben, 67 Mitte, 74 (2), 75, 77, 78, 80 links, 82, 84, 85 rechts, 88, 90, 91, 92, 94, 95, 96, 98, 99, 100, 102, 103, 104, 105, 106, 108, 109, 110, 112, 113, 120
Peter Ibe:	Frontispiz, 10, 44, 52, 62 rechts oben, 63 rechts, 66 links, 68, 71 links, 72, 76 links, 76 oben, 87, 118, Rückseite
Günther Steinke:	26 rechts, 56 rechts, 69, 70, 71 rechts
Dr. Frank Neuschulz:	76 unten, 80 rechts, 81 links
Gottfried Kohlhase:	17, 25, 64, 66 rechts, 67 unten
Dr. Gunter Otto:	30 rechts, 30 unten, 46, 63 links, 97, 111
Dr. Joachim Müller:	31 (2)
Karl-Heinz Jährling:	26 links
Anne Dörfler:	85 links
Wolf Spillner:	81 rechts
Dr. Prange:	39
Martin Primbs:	12
Georg Rast:	13 rechts
WWF:	13 links
Helmut Otto Weinmann (Privat):	83
Sächsische Landesanstalt für Landwirtschaft:	43
Gottfried Keller:	119
Manfred Bühnemann:	116

Für die freundliche Bereitstellung von historischen Abbildungen danke ich ganz besonders

Dr. Peter Posse, Dessau:	24 links, 29, 54, 59
Naturkundemuseum Magdeburg:	35
Karl Schmidt, Heimatmuseum Coswig/Anhalt:	89

Zum Autor

Dr. rer. nat. Ernst Paul Dörfler, Jahrgang 1950, geboren in Kemberg bei Lutherstadt Wittenberg, aufgewachsen zwischen Elbe und Dübener Heide auf einem Bauernhof in Meuro.

1961 im Elbwasser bei Dabrun das Schwimmen erlernt.

1968 Abitur in Pretzsch/Elbe, anschließend Studium und Promotion in Magdeburg.

Von 1977–82 tätig als Ökochemiker im Institut für Gewässerschutz Berlin (Ost), Autor mehrerer unveröffentlichter (geheimgehaltener) DDR-Umweltstudien.

Er lebt seit 1983 als freiberuflicher Schriftsteller und Publizist in Steckby bei Dessau.

1990 Abgeordneter der frei gewählten Volkskammer (Bündnis 90/Die Grünen) sowie anschließend Mitglied des Deutschen Bundestages.

Seit 1993 ist er im Landesvorstand Sachsen-Anhalt des Bundes für Umwelt und Naturschutz Deutschland e.V. (BUND) und arbeitet am Elbe-Projekt des Umweltverbandes BUND.

Mitglied des Schriftstellerverbandes und der IG Medien.

Er veröffentlichte mehrere Bücher und Beiträge als Autor und Herausgeber zum Thema Mensch und Umwelt.

Impressum

Dieses Buch entstand unter Mitarbeit von Dr. Sabine Jambon.

Die Deutsche Bibliothek - CIP-Einheitsaufnahme

Dörfler, Ernst:
Wunder der Elbe : Biografie eines Flusses / Ernst Paul Dörfler. [Herausgegeben vom Bund für Umwelt und Naturschutz Deutschland e.V. (BUND), Landesverband Sachsen-Anhalt in Verbindung mit dem Landesheimatbund Sachsen-Anhalt e.V.]. - Halle an der Saale : Stekovics, 2000
  ISBN 3-932863-40-2

Abbildungen auf dem Umschlag
Titelfoto: Silberschmuck der Elbe – Blühende Silberweide.
Frontispiz: Flussschleife an der Mittleren Elbe zwischen Lutherstadt Wittenberg und Dessau.
Rückseite: Abendrot an der Elbe.

Satz & Layout: Janos Stekovics
Lektorat: Katrin Greiner
Druck: Druck- und Verlagshaus Erfurt seit 1848, GmbH
Buchbinderische Weiterverarbeitung: Kunst- und Verlagsbuchbinderei GmbH, Leipzig
Gedruckt auf chlorfrei gebleichtem Papier.

© 2000, 1. Auflage
© 2000, 2. Auflage, Verlag Janos Stekovics, Halle an der Saale
Internet: www.onlinebuch.com

ISBN 3-932863-40-2